水の循環

地球・都市・生命《いのち》をつなぐ〝くらし革命〟

山田國廣編
本間 都
加藤英一
鷲尾圭司

photo by Ichige Minoru

藤原書店

はじめに

地球が誕生して四六億年、水はその量を変えることなく、自然に循環している。

水の中で原始生命が誕生し、進化を繰り返してわれわれヒトにまで辿りついた。

ヒトは、水を飲まずに一〇日以上生きのびることはできない。あらゆる生命は水なしには生きていけない。水の循環はこれまでもあったし、これからも続く。

洋の東西を問わず、人々は水の恩恵に対して感謝の念を抱いてきた。ギリシャ哲学の元祖といわれるタレスは「万物の根源は水である」と説いた。古代中国の思想家である老子は、「水は最善の物質」であり、水の受け皿となる「谷の神は死ぬことはなく、その恩恵は綿々として続く」と書き記した。万能の天才であったレオナルド・ダ・ヴィンチは水に関する膨大な手記を残し、「水は自然の馭者である」、「水こそは、この乾いた大地の生命液として献げられたものである」と記述している。

日本においても江戸時代までは、水の循環に対して感謝の念を捧げてきた。水源となる山、沼や、大木を信仰の対象としてきたし、水を汚さず下流へと譲り渡していく生活習慣もあちこちに根づいていた。

しかし、科学技術の進歩とともに社会は大きく変容し、私たちも使い捨て型の生活を余儀なくさせられるようになった。今や人々は、水についても、飲み水（上水）の安全性や味についてはある程度関心を持つが、使い終わった下水には無関心で、水そのものを「上水」、「下水」と分断して考えることに何の疑問も抱かなくなって久しい。

二一世紀、水問題は世界でもっとも重要なテーマになってきた。二〇〇一年秋、琵琶湖で「世界湖沼会議」が開催され、世界の湖の水質の危機的状況が再認識された。また、水不足によって毎年五〇〇万人から一〇〇〇万人が死亡しているとの国連環境計画の報告があった。戦争や地震で数千人が死ぬと世界的に注目されるが、水不足による死者は知られない。また水不足は、すぐに食糧難や飢餓につながる。国境をはさむ地域では、水争いから戦争が起こることもある。日本でも、水不足を解消する目的で長良川可動堰が建設されたが、建設後に水は余っていることがわかった。同じような問題は吉野川可動堰や川辺川のダム建設にも起こっている。そのほか、諫早湾の干拓、過疎地にまで建設促進される下水道など、いま社会的に注目されている問題は、水環境破壊と財政の問題である。

水不足や水汚染が生じると、自然生態系だけでなく都市生活、家庭生活などあらゆるところが影響を受ける。そのため一口に「水問題」といってもその様相は複雑で、一見無関係な問題が根っこのところでつながっている。例えば、水不足と洪水問題は別々に検討される場合が多いが、両者とも水の循環が破壊された結果として起こることである。また、地球温暖化は気候変動を増大させ、穀倉地帯の水不足を招き、食糧危機につながるという連鎖を考えると、地球温暖化、水不足、食糧危機は、関連づけて検討されなければならない。

今、われわれは、上水と下水というように「分断された水」をもう一度、循環によって関係づける必要がある。

近代的な分析的手法は科学技術の進歩に大いに貢献したともいえるが、他方で環境問題のような様々な問題をひきおこした。その解決のためには、それらの問題を総合し、互いに関連させて考えることが必要である。「水の循環」という考え方は、個々の現場で起こっている問題を総合する基本認識を導き出す。

①エネルギーの投入によってはじめて物質循環が起こる。物質とエネルギーは切り離すのではなく、常に同時に考えなくてはならない。

②循環によって汚れは資源に変わる。汚染問題と資源問題は同時に解決すること

ができる。

③地球、地域、国、都市、人間、細胞という環境を別々に認識するのではなく、水の循環を通じて統一的に理解することができる。

④水不足、水汚染問題の解決には、入れ子構造であるそれぞれの環境において水の循環、生物循環を回復、維持していくことが基本となる。

「水の循環」という考え方とは、これまで別々に捉えられてきた環境、資源、エネルギー、生命という四つの概念を総合的に認識し、二一世紀最大の環境問題である水不足、水汚染の解決方法をそれぞれの地域の人々が真に理解し、それぞれの地域において具体的解決策を実践していくことなのである。

二〇〇二年五月

山田國廣

水の循環

目次

はじめに　山田國廣　1

第1章「水の循環」とは？……13
山田國廣＋本間都＋加藤英一＋鷲尾圭司
（司会）編集部

■問題提起

循環思想とは——山田國廣　15
自然循環と強制的循環　水量・水質・コストをつなげて考える
水は循環することで汚れを浄化する　すべての環境問題の根本には水問題がある

水資源開発の実態——本間　都　24
苫田ダムの例　琵琶湖総合開発事業——水量・水質・コストが見事に絡み合った例
ダム建設には住民への情報公開が大切

下水道の問題点——加藤英一　32
水循環破壊と財政破壊の同時進行　下水道システムの問題点
下水道建設は国庫補助金でやられてきた　下水道財政は大赤字

「水の多重利用」という考えかた——鷲尾圭司　40
水を分けて使うという発想の貧弱さ　洪水対策で排水するより、賢く多重に利用する
水質にも多重な評価を

■討　論
「水の循環」に視点を　環境とコスト　水とのつきあいかた
「水基本法」　ビオトープ　水辺との関係性をつくる
流域と自治　都市をエコロジカルにする方法
作りだされている大量消費社会　「水の循環」の回復をめざして
税金を払う権利

第2章　生態系の中の水循環──水の七不思議……91　山田國廣
すべての物質は循環している　水は循環によって汚れを浄化する
水の性質の七不思議　地球の水循環　日本の水循環　都市の水循環
人体の水循環　植物の水循環　水循環の基本原理

第3章　くらしの中の水を考える……129　本間　都
知っておきたい、日本の水利用　どこまで上がる水道料金
日本の水道水がダム水に統一されるわけ
ダムがダムを呼び、ムダがムダを呼ぶ
水が農業を守り、農業が水を守る　地下水は企業の私水か

第4章　下水道は「循環」を破壊するか……163　加藤英一
川を涸らす下水道　地下水を奪う下水道　雨天時の下水の実態
赤字は八五〇〇億円　借金残高三〇兆円　一般会計への影響
下水道の効率　国庫補助金が誤りのもと

再利用目的に応じた発生源対策　節水型社会で世界平和を

第5章　水を多重利用しよう
——「水臭い水つきあい」への疑問と提案—— …………191
鷲尾圭司

捨てた水の意味　水臭いつきあいの背景　明石のノリ漁場と下水処理
中国の「生態農業」にみる水環境とのつきあい
水との多面的なつきあいかた

第6章　「水の循環」から世界を変える …………223
山田國廣

「水の循環」を破壊することが、二一世紀最大の環境問題である
世界の水問題の現状　地域紛争と水問題　中国の水問題
日本の水問題　古代都市文明の崩壊
現代都市文明崩壊のシナリオ　「世界水ヴィジョン」への提言

おわりに　山田國廣　249

本文イラスト＝本間 都
本文写真＝筆者提供

水の循環

地球・都市・生命《いのち》をつなぐ〝くらし革命〟

未来の水系図

昔

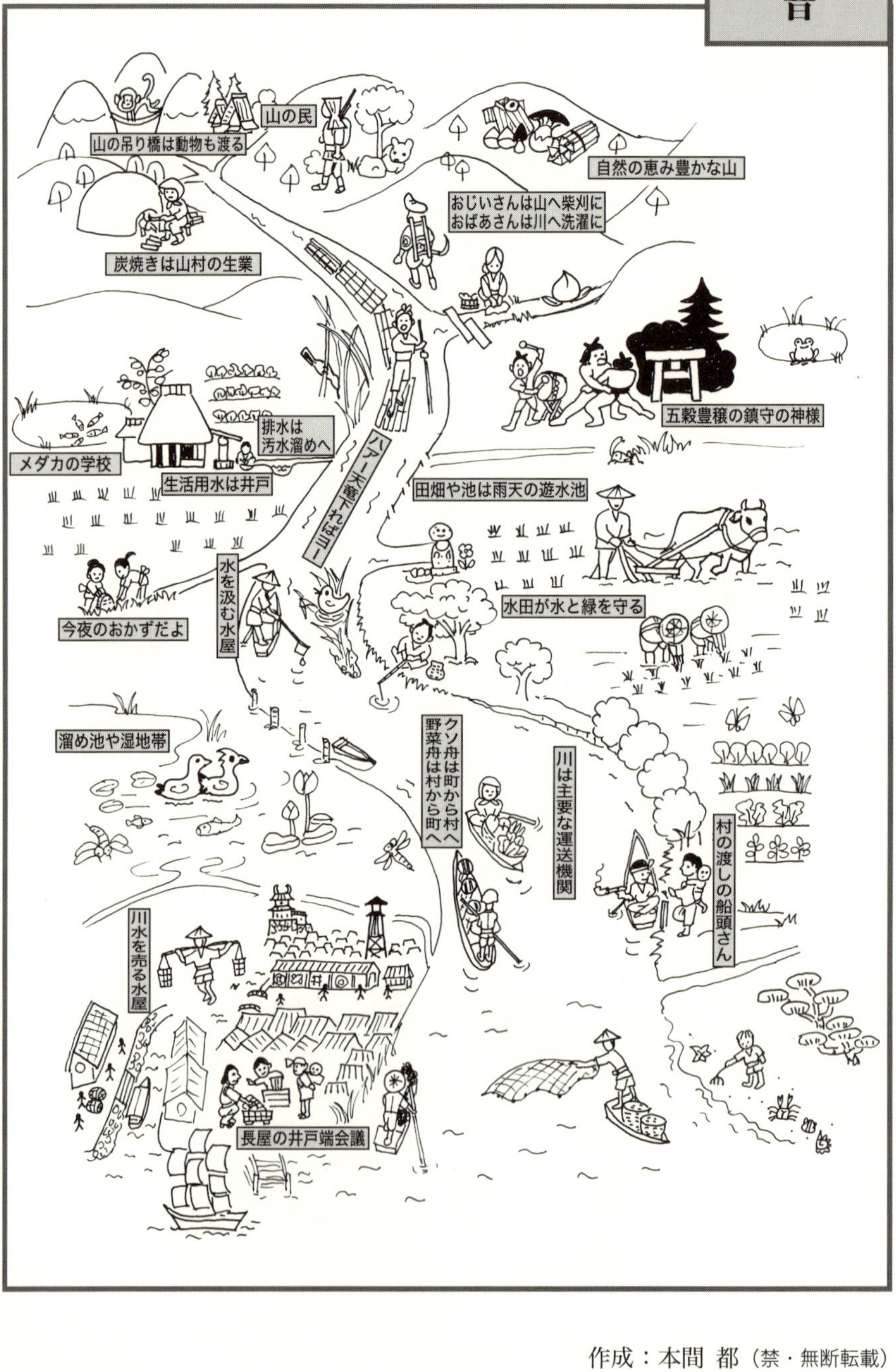
山の民
山の吊り橋は動物も渡る
自然の恵み豊かな山
おじいさんは山へ柴刈に
おばあさんは川へ洗濯に
炭焼きは山村の生業
五穀豊穣の鎮守の神様
排水は
汚水溜めへ
メダカの学校
生活用水は井戸
ハァー天竜下ればヨー
田畑や池は雨天の遊水池
水を汲む水屋
今夜のおかずだよ
水田が水と緑を守る
溜め池や湿地帯
クソ舟は町から村へ
野菜舟は村から町へ
川は主要な運送機関
村の渡しの船頭さん
川水を売る水屋
長屋の井戸端会議

作成：本間 都（禁・無断転載）

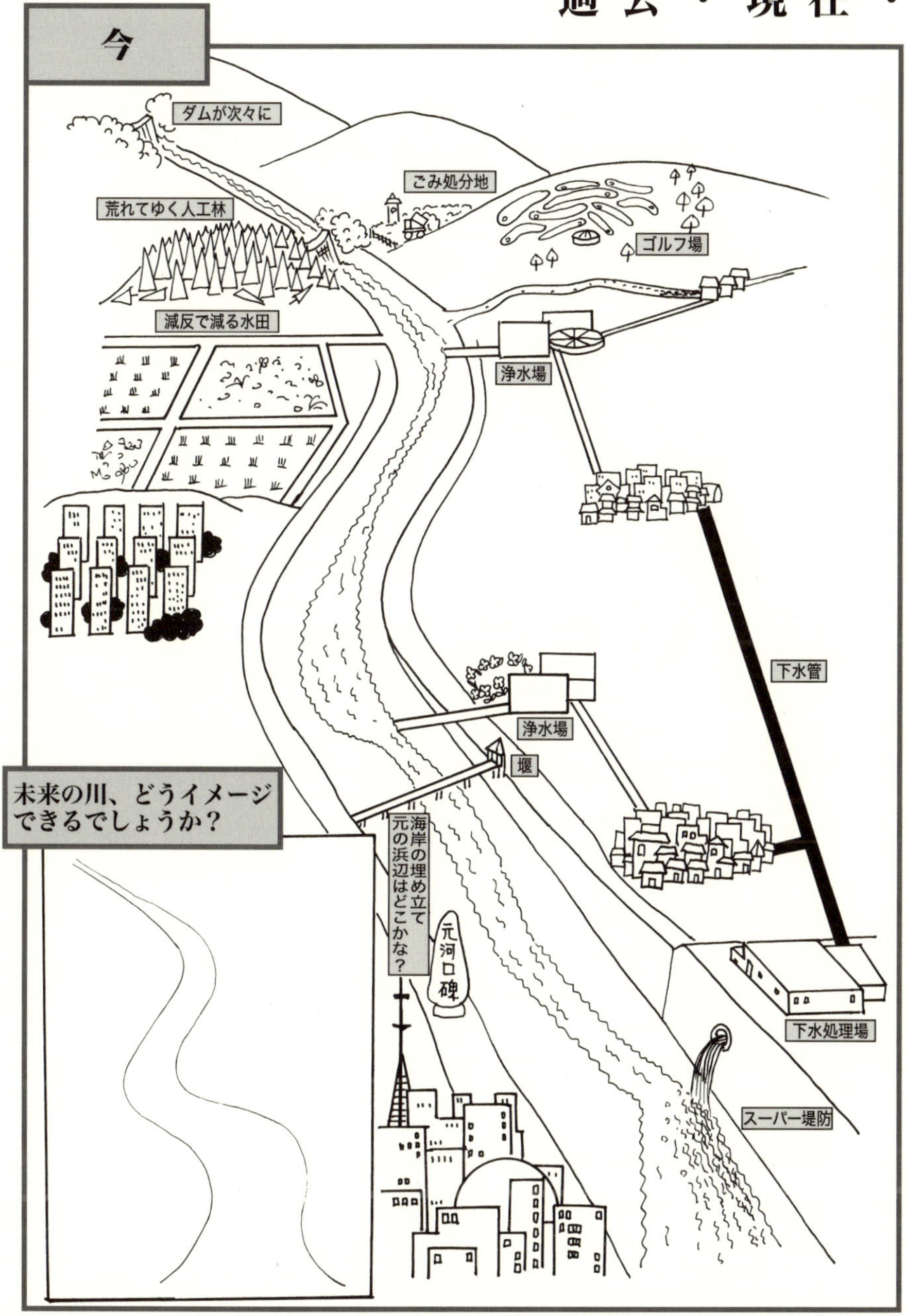
今
ダムが次々に
ごみ処分地
荒れてゆく人工林
ゴルフ場
減反で減る水田
浄水場
下水管
浄水場
堰
未来の川、どうイメージできるでしょうか？
海岸の埋め立て元の浜辺はどこかな？
元河口碑
下水処理場
スーパー堤防

■水量変動と水質とコストという この三つの問題が、水が循環するという原理をあまり理解していないがゆえに起こったという考え方ができると思います。もう一度それを解決していく一つの基本として「水の循環」とは何かを理解して、その考え方に沿って解決策を見出せれば、それは「水の循環」の革命とか思想といえるのかもしれないと思います。（山田）

■生活に関わる水環境の問題はさまざまに沢山あるでしょうけれども、日本全体に共通する問題としては、水資源開発というお題目のもとに立てられた、全国に数千数百もあるダムや堰の建設が一番大きいのではないかと思います。ダム建設に当たって、これからは決定段階からの情報公開と住民参加が不可欠だと思いますね。（本間）

■これまで公営のそういう下水道システムが、なぜ地域に合ったシステムを選んでこられなかったのか。一番大きな原因は、下水道事業が公共事業としてやられてきたからだと思うんです。（加藤）

■まず一番きれいな状態では飲料水。それから町の中の潤いの水ということで、環境水。そしてお風呂、沐浴という形での、身辺をきれいにする水浴びという使い方。それから洗濯物とか食器とかの洗い物。それで汚れた水がおしまいかというと、それでまた水車まで回せると。そういう形で使って、最終的なところに戻っていくと考えれば、こんなにたくさんの価値を持ち得るものを何で一つの使い方でしか使っていないのか。その発想の貧弱さに驚きあきれてしまうというのが、いまの水政策なんですね。（鷲尾）

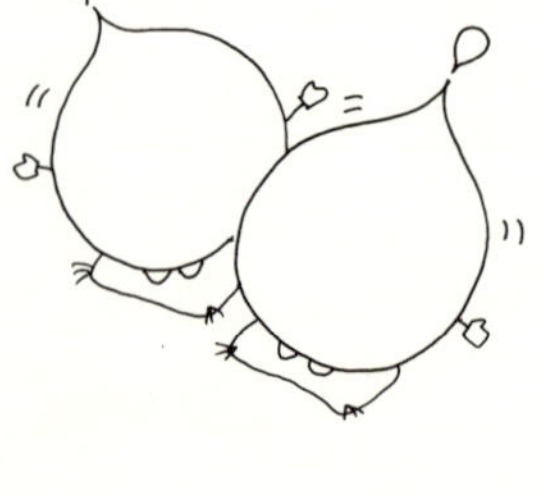

問題提起

循環思想とは

山田國廣

自然循環と強制的循環

山田　「循環」という言葉が最近はやり言葉になっています。たとえば環境省等の白書、あるいは環境の学会なんかでも最近は「循環型社会」ということに関してシンポジウムを行ったりしております。どうやら二一世紀の環境を考えるときの社会像というか、一つの着地点を言葉に表すと「循環型社会」というふうになっているようです。ただし現在使われている循環型社会というのは、多くは「ごみが循環する」というふうに使われていまして、「水が循環する」というところまでなかなか思いが及んでいないという現状があると思います。私は一九八〇年の初めごろからこの「循環」という言葉をキーワードにしてきましたから、循環という言葉がはやることに関しては、一つ時代が動いてきたのかなと思います。

循環を考えるときに、大きく自然の循環と、それから人間が関係する循環とがあるんです。私は人間が関係する循環を自然循環と分けるために、無理やり回すという意

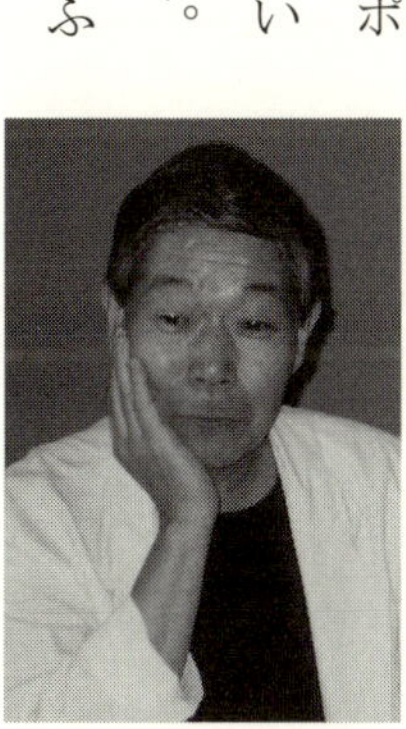

◀山田國廣氏

循環
╲自然の循環
╱強制的循環（人為的循環）

味で強制的循環といっています。よく循環型社会といわれる場合は人間が無理やり回してやるということを考えている。典型的な例としてリサイクルという言葉がそうです。しかし、自然は元々循環しているわけなので、その自然の循環と人間が回してやる循環とを両方考えて、循環に準じて生きていくことが必要なんだけれども、現在はそういう視点はまだ少ない。『環境白書』によく「共生」という言葉が出てきます。それはおそらく自然循環と人間の回してやる循環がうまく調和するということを、共生といっている気がします。

人間はその自然循環に順応して生きることもできる。それからもう少し利便性を追求する中で強制的に無理やり回してやるという生き方もあります。もう一つの問題点としてダムをつくったり埋め立てをしたりという、循環を破壊することもしている。自然循環に順応して生きる、無理やり回してやることで生きていく、それから循環を破壊しながら生きていく、そういう三つの選択ができるということです。それぞれ三つが同時に進行している。問題になっているのは特に循環を破壊する行為ですね。強制的に回してやる場合も、それが本当に環境にいいかどうかを十分に吟味しなければいけない。たとえば典型的には、ごみのリサイクルも水のリサイクルもありますけれども、それが本当に環境にいいかどうかというのは、リサイクルに要するエネルギー量や他の汚染が生じないかなどを吟味してやらなければいけないと思います。

三つの生き方

①自然循環に順応する
②強制的循環を開発する
③自然を破壊する

水量・水質・コストをつなげて考える

それから水問題でいうと、大きく三つの問題点に分類できると思います。一つは水量の変動の問題です。地球上にはよくいわれるように一四億立方キロメートルという膨大な水がある。貯蔵されているストックとしての水は九六・五パーセントが海水です。残りの三・五パーセントのうちのほとんどは、氷とか地下水になっていて、我々が飲み水など生活に利用できる淡水は、〇・〇一七パーセントです。

ただし、ここで大切な認識は、我々が本当に利用できる水はストックとしての水ではなく、循環しているフローとしての水だ、ということです。海水はすぐに飲めないけど、蒸発して雨水になれば飲めるのです。

水の量の変動という場合には時間的変動と空間的変動がありますね。日本でもある時期に水が足らない、時間的に足らないという問題があります。足らないと渇水、多過ぎると洪水が起こる。時間的な変動では、そういうことがありますね。あと地域的な変動というものがあります。たとえば中国によくいわれるみたいに、中国の水の八割は南にあって、二割が北にある。そこで南水北調*という、揚子江の水を北の黄河地域に持っていくために水路、運河をつくろうというようなことですね。水量が地域的に偏っている。だから黄河は断水が起こって、揚子江は洪水が起こるという関係になっ

水循環の三つの問題点

①水量
・時間的変動
・空間的変動
②水質
・化学物質による水の汚染
③コスト

***南水北調**
中国の水資源のアンバランスを解決するために、一九五〇年代にうちだされた対策。南部の水を北部に引くプロジェクト。南部にある長江（揚子江）の上流、中流、下流からそれぞれ水を北部へ引くことになっている。

ています。地域的に偏っている変動の問題もあります。

二番目が、水質の問題です。これは農業とか工業とか、いろいろ化学物質を使うことによって表流水の汚染も地下水の汚染も両方起こっている。あるいは化学肥料による窒素、リン汚染*など、相当世界的に汚染の問題が起こっているということはありますね。

三つ目は、コストの問題です。水の量を確保したり、水を安全なものにしたりするためにはすごくコストがかかります。

この三つは別々に起こっているのではなくて、それぞれが関係しながら起こっている。それぞれの問題点を、「水の循環」という考え方でいうと、連動させて考えていくことが重要だと思っています。いままでの分析的手法からいくと、部分ごとに切って発想していくということで対策を考えてきました。けれどもグローバル化ということもあるし、環境問題は部分で切って解決するような状況ではなくなってきたところがあります。また、「水の循環」という考え方とはどういうのかというと、たとえば量的にいうと水だけでぐるぐる地球上を回っているんだけれども、実はそれが動いていることによって浄化されているということがあるんです。

水は循環することで汚れを浄化する

私が所属しているエントロピー学会*の中心的議論ですが、水は熱を吸収することに

＊化学肥料による窒素・リン汚染
田畑に窒素、リンなどの化学肥料を散布し続けると、当初はある程度土壌に吸収されるが、次第に土壌の吸収能力が低下し、雨水によって肥料が流れ出し、周辺の河川や湖や内湾の富栄養化の原因になる。土壌の地力そのものの低下を招く。さらに、それに対して、有機肥料の場合は土壌への吸収、定着率がよく、水質汚染が少ない。

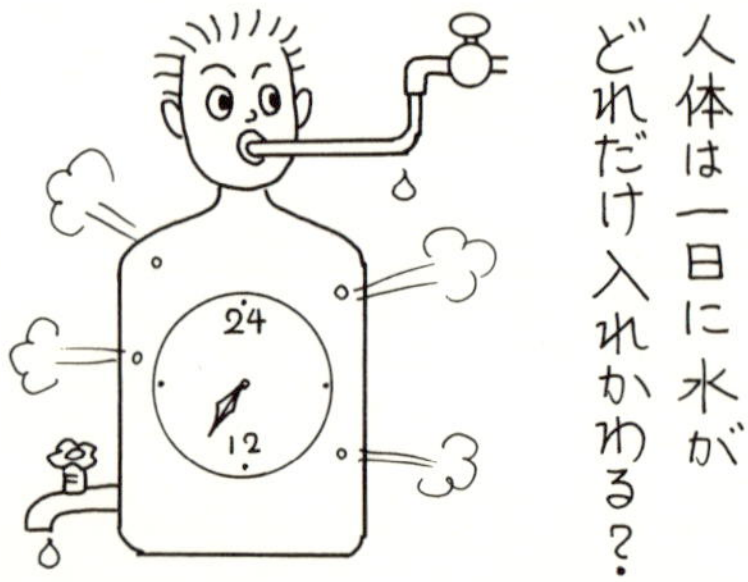

よって蒸発するんだけれども、雨になって落ちてくるときに宇宙空間へ熱を捨てることによって地球の温度コントロールをするのは浄化能力なんだということです。だから水が量的にぐるぐる回るというだけではなくて、液体から水蒸気になって、また液体に戻る。この過程で排熱が捨てられている。あるいは海水が蒸発すると、それは塩分と淡水が分離されたわけですね。これも一種の浄化なわけです。だから水が循環するということは単に液体がぐるぐる回っているのではなくて、蒸発したり物質の状態が変化することによって物の汚れが熱の汚れに変わり浄化されている。そういうところの視点は、これもやはり「水の循環」という考え方の重要なポイントだと思いますね。

地球と同じように人体も、大体五〇リットルぐらいの体積だとすると、六〇～七〇パーセントが水だとすると三〇リットルぐらいが水でできています。一日飲む水で大体一リットル、食べ物で一リットルだから、単純計算で一五日で一回水が入れ替わっていくということになります。アルコールと水*を一生懸命飲んでいる人は、もっと早くなりますが（笑）。そのときも水の果たしている役割というのは、人体の汚れを吸収して体の外に出すということがすごく大きいわけです。おしっことか汗とかで排出されます。そういう意味でいうと、やはり水がうまく循環することで、汚れを体の外に捨てたり、地球は宇宙へ排熱を捨てている。

＊エントロピー学会
一九八三年に発足。環境問題に関心のある物理学・経済学・哲学など自然・人文・社会科学の研究者たちが市民とともに作った学会。力学的・機械論的思考に偏りがちな既成の学問に対し、生命系を重視する熱学的思考の新風を吹き込むことをその設立趣意とする。

＊アルコールと水
お酒には一三～一四パーセント、ビールには五パーセントのアルコールが含まれている。お酒やビールを飲む人は飲まない人より水分を多く取ることになる。その分、尿や汗による排出も多く水循環を促進することになる。アルコールは胃で二〇パーセント、小腸で八〇パーセントが吸収され肝臓でアルデヒドに変わる。体内にアルコールを急激に取り込むと、血中のアルコール濃度が高くなりアルデヒドが体内から排出されず、二日酔いや頭痛が起こる。例えば、短時間に酒一升、ウイスキーのボトル一本を飲み、血中のアルコール濃度が〇・四一～〇・五パーセントになると昏睡状態から死に至る場合がある。お酒類は、適量を飲むことが大切で、そうすれば食欲も出てストレス解消にもなり、血の循環を良くする。

すべての環境問題の根本には水問題がある

こういう「水の循環」の基本的な考え方からすると、大は地球から、小は家庭まで含めて起こっている問題は、水に関係しているというのがわかってくると思うんです。地球レベルでいうと、二一世紀は水の世紀だといくつかの報告書が既に問題提起しています。二〇〇〇年の『環境白書』は水を特集していますね。それからワールドウォッチ研究所の二〇〇一年版『地球白書』も、「水の世紀が始まった」ということで、二一世紀は水の世紀だと言っています。水の量的なものだとか水質だとかというものが、やはり一番環境問題の中でもシビアな問題になるんだろうと予測しているわけです。

たとえば地球温暖化の問題一つとってみても、結局のところ温暖化による気候変動が一番影響を及ぼすのは水の循環で、水の循環に与える変動によって水不足が食糧不足とつながって起こるわけです。地球温暖化の問題も、実は水問題に大きくは帰結すると考えられます。それから世界的にいろいろいま紛争が起こっているのも、全部ではないにしても、たとえばイスラエルとパレスチナの紛争というのもヨルダン川を挟んである種の水紛争*という部分も歴史的にはあるわけです。そういう地球環境問題から地域紛争も含めた問題点の中に、水ということが大きく関わってきている。先ほどありましたように南水北調といわれる、南の水を北に持ってきたり、あるいは揚子江

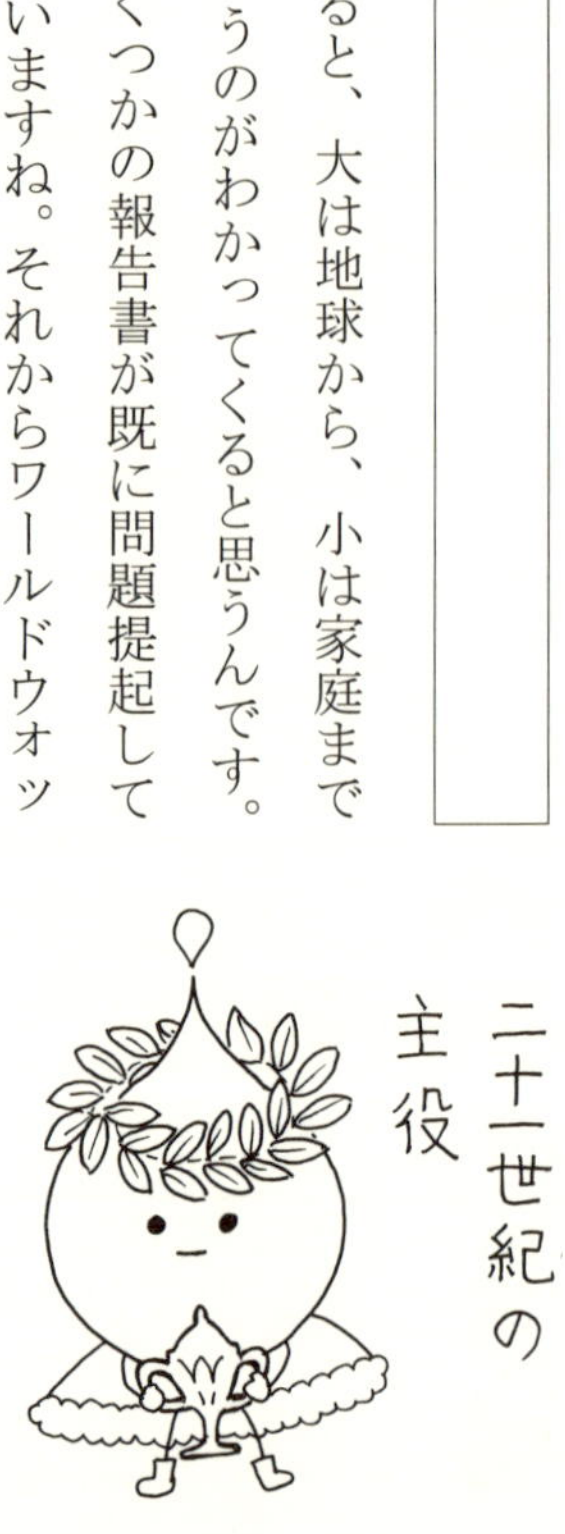

*イスラエルとパレスチナの水紛争については、第6章を参照。

＊諫早湾干拓問題
一九五二年に米の増産を目的として一万ヘクタールという大規模な干拓計画が長崎県によって計画された。その後、漁民の反対などで計画が三五五〇ヘクタールに縮小されたが、八六年には環境アセスメントが実施され、九二年に工事開始、そして九七年四月には潮受け堤防が締め切られた。その後、二〇〇一年には有明海のノリが大不漁に陥り、福岡県の漁民からは堤防の開放が要求され、二〇〇二年には実験的に開放が実施された。地元住民、漁民による反対運動や農地需要の減少などもあり、無駄な公共事業の代表例となっている。

にダムをつくらなければいけないというのもそうですけれども、結局のところ中国全体の中でも、おそらく最大の環境問題は水に関係するものになってくると思います。大気汚染も深刻は深刻ですけれども、実際のところ水がないというのは基本的に生命に関わってしまっているので、事態が深刻なわけですね。

日本の、いま起こっている公共事業に関係する問題点なんかを挙げてみても、たとえば諫早湾の干拓*の問題とか、農業用の用地を確保することが問題だったけれども実際には洪水防止に役立つとかという話になってしまった。もう農地は外れているので洪水対策とかいい始めて、結果的には実際上よくわからないにしても、ノリを含めた環境に影響を与えている可能性がある。そういうことを考えると、諫早湾の干拓も水問題であろうと考えられますね。長良川の河口堰*とか、吉野川の可動堰*とか、川辺川ダム*とか、そういういろいろ公共事業で問題になったものをずっと見ていくと、基本的には水の循環を破壊するダムをつくったり可動堰をつくることに関係していると考えられますね。日本の公共事業を考えてみると、かなりの部分が水に帰結するような問題になっています。それらの多くは、先ほどもいいましたように水の循環を破壊する行為であるということです。

都市化が進んできて八〇パーセントの日本人は都市に住んでいるといわれています。しかし都市にきれいな川が少ない。子供が安心して遊べる川が少ないというのは、下

＊長良川河口堰問題
一九六〇年に建設省中部建設局から長良川河口ダム構想が提案される。七三年には、当時の金丸建設大臣が河口堰の建設事業認可を行う。八〇年代後半から九〇年代前半にかけて、「サツキマスを守れ」、「清流・長良川を守れ」という運動が全国的に起こり、訴訟や船上デモなど反対行動が展開された。一九八八年に着工された河口堰は完成しても堰は開けたままであったが、一九九五年の七月に、とうとう堰が閉鎖された。反対住民や研究者の堰閉鎖後の調査によると、水質の悪化、アユやサツキマスの減少、シジミの減少などの影響が出ている。

＊吉野川可動堰問題
江戸時代の中期に、吉野川の下流に農業用水を確保するため第十堰がつくられた。一九八〇年、建設省はこの第十堰は洪水時には流れの妨げになるとして可動式ダムを建設する計画をたて、九八年七月には建設妥当とする答申を出した。これに対して、地元住民は「ダム・堰にみんなの意見を反映させる会」を結成し、「住民投票で民意を問うべきだ」と主張した。二〇〇〇年一月に実施された住民投票は、五〇パーセント以上の投票のうち九〇パーセントが反対という結果になった。その後、二〇〇二年になり推進派の徳島県知事が収賄で逮捕され、可動堰反対の新知事が

水道で一生懸命水を浄化してきたつもりがまだまだ水質が悪く、浄化がうまくいっていない一つの表れではないかと思います。

住宅レベル、家庭レベルにしても、今度は水道水が信用されていないという問題があります。関西あたりでは消費者の半分ぐらいが、水道水はそのまま飲めないと『朝日新聞』のアンケートでは答えています。トリハロメタン*も含めて、最近では鉛*の溶出とかということがいわれています。そういう危険物質に対する不信感の表れだと思います。最新の大きな浄水システムでも水道水の水質を安心させるところまでには、まだまだ十分にできていない。一方でミネラルウォーターが安全かというと、よく調べてみるとそうでもないという状況もあります。水質的にも、どうしたらいいのか見えていないという面では、少し混乱しているのかなと思います。

こういう問題点を挙げてきましたけれども水量、水質、結果的にはそういうことの問題が全部コストという形にはね返ってきて、水道料金は最近かなりの自治体で値上げを始めたわけですね。これは下水道料金もよく似ていると思いますけれども、急速に水道財政が悪化し始めています。それはダムをつくったり、浄水場を新しくつくったり、浄水設備を高級化したりということのはね返りなわけですね。水量変動と水質とコストという三つの問題が、水が循環するという原理をあまり理解していないがゆえに起こったという考え方ができると思います。もう一度それを解決していく一

誕生し、地元住民運動は森林の持つ貯水機能などを証明する調査を開始している。

＊川辺川ダム問題
川辺川ダムは、一九七七年に洪水対策、灌漑、発電なども目的として基本計画が発表された。日本三大急流の一つである熊本県球磨川の支流である川辺川に建設されるもので、水没する予定の地元は五木の子守歌で有名な五木村である。計画から時間が経過するに従って、川を取り巻く環境は変わり、農業の後継者は「水はもういらない」として受益者が裁判を起こした。漁民も「ダムが完成すれば全国的にも有名なアユがとれなくなる」として反対運動を続けている。そして川辺川ダム計画は、環境アセスメントも実施されていない。いまや、諫早湾の干拓と川辺川ダムは、公共事業見直しの象徴となっている。

＊トリハロメタン汚染問題
水道水中の発がん性物質。水道原水中の有機物と浄水場で投入される塩素が反応して生成されるクロロホルムなどの塩素化メタンの総称である。日本の水質基準値は〇・一ｐｐｍであるが、水道水の平均値は三分の一程度であるとされている。しかし、水源汚染が進んでいる地域や、ダムなど貯水に依存している地域では、濃度が高い所がある。

つの基本として「水の循環」とは何かを理解して、その考え方に沿って解決策を見出せれば、それは「水の循環」の革命とか思想といえるのかもしれないと思います。

もう一点、海とか食料との絡みで問題提起をしておいた方がいいと思います。日本は食料自給率が、カロリーベースで四〇パーセント台です。そういうことで、食糧を輸入すればいいということになっているのですけれども。食糧を輸入するということに関して、一般的には食糧を一トンつくるのに水千トンといわれています。*食糧を一トン輸入するということは水千トンを、輸入はしないけれども、その作物ができる地域で水千トンを消費することに対応するわけです。

そういう意味でいうと日本が食糧輸入大国であるというのは、日本以外の地域での水消費大国であるという関係が成り立つわけです。それから食糧を輸出してお金にしている国や地域も、水不足とか環境を破壊するという面では危ない橋を渡っている。日本は金を出したら食糧が買えると思っているけれども、これほど危ない橋はないということです。食糧問題と水問題というのは、密接に関係している部分があるのです。

食糧との関係でいうと、下水道の合流式、分流式*の問題もあります。雨が降ったときに下水をそのまま垂れ流しにするということがどれぐらい海の汚染に影響しているか。そういう調査を始めるというのが新聞に載っていました。基本的には窒素、リンの循環でいうと、うまくそこに食糧を入れた循環を考えるということが大切です。こ

＊鉛汚染問題
水道用に鉛管を使用している地域や家庭では、鉛管の鉛が溶出し水道汚染問題が起こっている。水に溶けている鉛には神経毒性、腎臓毒性があり、赤血球に沈着して疲労感、不眠、頭痛などの被害と共に消化管障害を起こす。日本の水質基準は〇・〇二五mg／lであるが、鉛管使用家庭で二四時間水道水を使用せずに置いておくと朝一番の水道水には一・六五mg／lもの鉛が溶け出しているという報告がある。

＊食糧輸入と水消費
米のように比較的水を多く必要とする食料については食糧一トンに対して水千トンといわれている。ただし、米ほど水を必要としない輸入の大豆は一トンに対して四三〇トン、小麦は一九一トンなどである。そして食糧輸入は、水だけでなく窒素やリンという栄養塩も国内に持ち込んでいることを忘れてはならない。

＊合流式下水道、分流式下水道に関しては、第4章を参照。

れは鷲尾さんの持分です。いいノリをつくるためには、流域全体の中で河川から供給される窒素、リンを循環の中で相当コントロールしていく必要があります。そういうことがうまくいかないと、少な過ぎてもだめだけれども多過ぎてもいけない。循環論の中で、流域という一つの単位で、食糧と水の絡みで考える仕組み、思考方法が重要だと思います。

これが水が循環するという考え方の主旨です。お三方に、それぞれの問題点に入っていただきます。

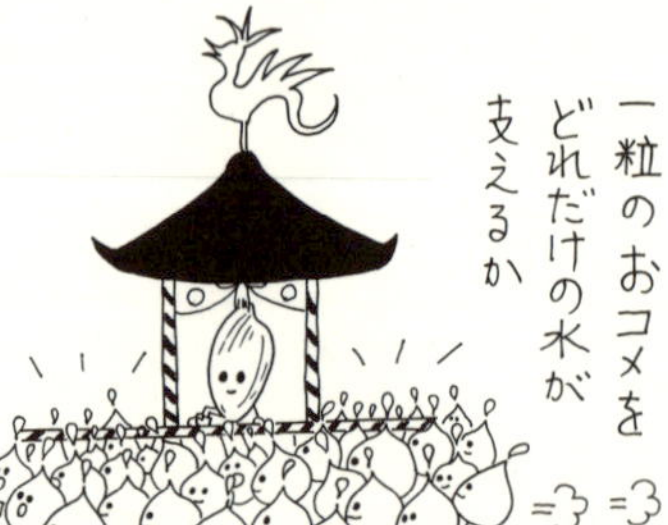

問題提起

水資源開発の実態

本間　都

苫田ダムの例

本間　岡山県の苫田ダムについて、少し話したいと思うんです。

中西準子さんが、月刊『水情報』*を主宰しておられた八〇年代ですけれども、私は『水情報』の記者として、苫田ダムの建設予定地がある岡山県奥津町に取材に行ったことがあるんです。奥津町では町ぐるみダム反対運動を続けていて、反対派から出た町長が国や県の重圧に耐えられずに下りると、次の選挙でまた反対派を当選させて、そういうことを繰り返しながら当時まで戦後四〇年、ずっと闘ってきたわけです。奥津町は奥津温泉で知られた町ですけど、温泉地は町の上流にあって、役場や集落がある町の中心部は下流谷あいのややひらけた平野部にあり、ダムはそこを沈めてしまうんですね。

　奈良県の川上村では川沿いの集落をダム湖に面した山の中腹に移転させて、集落跡を大滝ダムの底に沈めました。村人は少なくとも故郷は失わずに住み続けています。国は奥津町では一軒一軒買収しては、町の外にいわば放り出しているのですね。私が取材にいったときも、まだ取り壊されていない空き家や、すでに家が撤去された空き地があちこちに見かけられました。のどかな山村の秋景色一面に明るい陽光が満ちていて、目を上げると村を囲む山々の中腹に、ここまでダムの水がくるという赤い旗が点々と連なっています。こんな旗を毎日見せつけられながら、先祖代々つきあってきた顔が一つずつ欠けていく中で、四〇年間反対運動を続けているのか、と思うとグッとくるものがありました。ダム問題は現地を見なければ、下流都市の住民にはなかなか実感できません。

　国や都道府県は、ダムの水を利用することになる下流の住民をダム建設予定地に案内して、「このダムは村を立ち退かせて造る。建設費用は水代として下流住民に負担し

＊『水情報』　一九八〇年、中西準子氏（現横浜国立大学、産業技術総合研究所）によって、流域下水道に反対する下水道問題連絡会議の会員に宛てた個人通信としてスタートした。身の回りから地球規模の環境まで、水をめぐる問題を幅広く扱う月刊ミニコミ誌。創刊時は「下水道通信」という名前で、手書きのプリントだった。工場、生活排水を一括処理する下水道のあり方を環境や経済性などの面から手厳しく批判してきた。九七年四月からは、高橋敬雄氏（新潟大学工学部）が編集発行を引き継いでいる。

◀本間　都氏

てもらう。それでいいか」と尋ねたらどうなるでしょうか。下流住民はダムよりも節水を選ぶのではないでしょうか。だいたい都市住民は水を浪費しすぎているんです。

大阪は水使用量がとびぬけて多い地域です。生活用水は一人一日二〇〇リットルあればよいと言われますが、大阪では都市用水が一人あたり六〇〇リットル近くに達し、生活用水は三〇〇リットル以上使っていて、全国の大都市の中で最も多い。札幌や福岡は生活用水として二〇〇リットルも使っていません。大阪は琵琶湖という日本最大の湖が水源なので、水に不自由したことがないのですね。同じ琵琶湖に水源を仰いでいる京都も、大阪に次ぐ水浪費都市です。その大阪では今、水がダブついている。琵琶湖淀川水系には十指にのぼるダムやダム計画がある。なんでそんなにダムを造りたがるんでしょう。

苫田ダムにもどって、こうして住民は戦後五〇年抵抗してきて、それで今年になって、国土交通省から私のところにも、一坪地主の件でやってくるようになりました。予定地内の小さな私有地を譲れ、と。全国にどれくらい苫田ダムの一坪地主がいるのかな。それを一軒一軒回っているんですね。この交通費、宿泊費、日当みんな国民の財布から支払わされるんでしょう。岡山弁の朴訥そうな声で、国土交通省のお役人なんでしょうかね、電話があって、大

阪の何人かの地主さんに会うために来訪しています、いついつ頃うかがいますから、と言う。来てもムダです、現地の住民が一人残らずダムに賛成というときに、私はその意向に同調しますが、今は応じられません、と言うと、あっさりと引く。説得を断ってもテキさんは痛くも痒くもない、間もなく立ち入り調査を強行して、いよいよ強制執行の段階に入りました。

苫田ダムは、戦後すぐの食糧難時代に農業用ダムとして計画されました。減反政策が始まって要らなくなると、工業用ダムと名目が変えられました。しかし、下流では工業用水は足りてるから要らないという。そこで、今度は治水用という目的が加わりました。これまで洪水災害なんか起こっていないのにね。

琵琶湖総合開発事業——水量・水質・コストが見事に絡み合った例

それから、琵琶湖総合開発事業*（琵琶総）。最初は一兆円足らずの予算で十年計画で始めたものが、終わってみたら、保全事業も入れて二五年以上かかって、二兆円使っていました。一秒間に一トンの水開発が一〇〇億円の時代に、一トン五〇〇億円の開発費、今はその額が常識ですけれども、当時の信じられないような巨額の工費のツケが今、下流にやってきています。水道料金の値上げまた値上げです。

先ほど山田さんがおっしゃった水量と水質とコストが見事に絡み合っている例を、

＊琵琶湖総合開発事業
一九七二年、「琵琶湖の環境保全を図りながら、さらに豊かな水資源の開発を進めていくこと」を目的にスタートした。琵琶湖の水質や自然環境を守る「保全」対策、湖周辺の洪水被害を解消する「治水」対策、琵琶湖の有効利用を図る「利水」対策を三つの柱にしている。当初一九八一年度までの十か年計画だったが、二度の延長を経て、最終的には九六年度までの二五年間の事業になった。開発水量は四〇m^3／s。

琵琶湖で実感しています。水をたくさん取ろうとして、琵琶総の工事を始めた。工事が始まったとたん、毎年六月と九月に赤潮が定着するほど水が汚れた。そのために、下流の大阪でも神戸でも、水道水の高度浄水処理*をせざるを得なくなった。琵琶総が完成すると下流自治体は水利権*に応じて費用を分担させられ、その分は水道料金を値上げするしかない。その上、高度処理の費用がさらに料金にカサ上げされた。

今となってはもう終わってしまったことですけど、後々の教訓としても、琵琶総は必要だったか検証すべきでしょう。琵琶総は高度経済成長期、工業用水が一度っきりの使い捨て時代、経済の伸びに比例して水需要がウナギ上りの時期に立てられた水資源開発計画でした。今は工業用水の需要は伸びるどころか減っています。琵琶総で増えた水利権で大阪府も大阪市も財政四苦八苦で、なんとか水をたくさん売りたがっている。府の資料で試算すると、大阪では水はダブついています。市も府も表向きは住民に節水を呼びかけていますけど、本音は節水されたら困る、裏では水を使わせる工夫をいろいろしています。それは涙ぐましいほどです。住民には迷惑な話ですけど。

琵琶総は国が主体でやったわけです。当初は下流大阪も同調したでしょうけどね。でも、途中で見直す機会はいくらでもあったはずです。計画縮小だけでなく、例えば、水源涵養のため森林を養うための予算が、成長した立ち木を伐採して山を裸にした後に、苗木を植えるのに使われたりしたんですからね。ヨシの生えている水辺を埋め立

*高度浄水処理

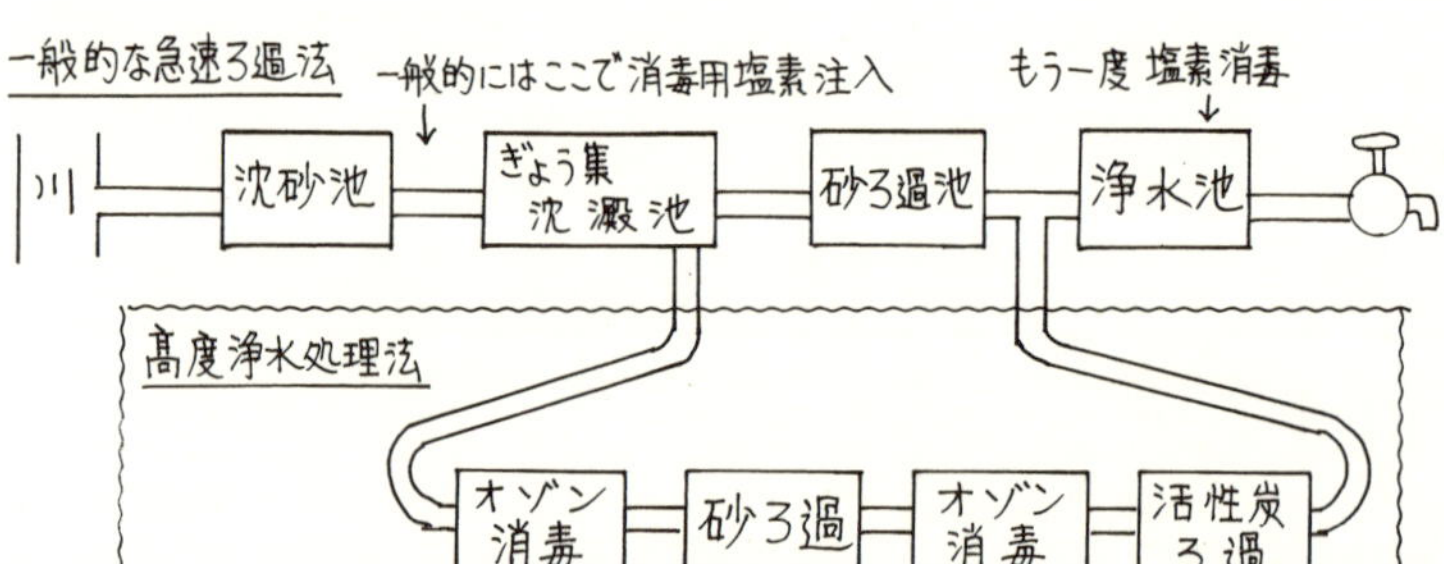

てて、その後にまたヨシを植えるのに使われたんですからね。現地を見たらあまりのバカバカしさに、情けなくなります。こんなことで、金も使いましたけど、水も汚しました。

雨不足で大渇水だった九四年、琵琶湖の水位がマイナス一二〇センチまで下がりました。新聞は八〇センチの水位低下の時点で早くも一面トップ記事として扱いました。琵琶総の計画では、水位が一五〇センチ上下しても何の支障もないように湖を造り変える工事のはずでした。建設省は「騒ぐな、大事ない」とマスコミを鎮めるのが筋です。ところが、建設省近畿地方建設局の局長さんは、「琵琶湖の水位がこんなに下がったのだから、大阪も取水制限すべきだ」と『朝日新聞』紙上で公言したんです。すかさず大阪府水道部水質試験所の所長さんの、「金を払っている分だけはもらいます」という意味の談話が掲載されました。どう見ても理は大阪府にあります。取水制限したら料金収入が減って分担金が払えんようになるやないか、分担金をまけてくれるわけやなし、そっちが取るものは取るんやから、こっちは貰うものは貰うで。紙上のかんたんなやりとりながら、迫力がこもっていました。それにしても、一五〇センチまで大丈夫と約束した巨額の工事ですから、建設省は契約違反を問われてしかるべきなのに、あるいは、下手に出て取水制限をお願いするならともかく、イケシャアシャアとのさばり返って契約相手に差し出口をするなど、これが国の官僚体質なんでしょうか。

＊水利権
河川に流れる水を取水して農業、上水道、工業用水などに利用することに対しては、河川管理者の許可が必要である。これは河川法第二三条「河川の流水を占用しようとする者は、建設省（国土交通省）令で定めるところにより、河川管理者の許可を受けなければならない」により定められている。許可を受けると、河川の流水を使用する権利が得られる。この権利を水利権という。

◀**琵琶湖のオリジナル調査を行う住民運動体**（関西水系連絡会）

ダム建設には住民への情報公開が大切

今、日本中どこでも水道料金の値上げ値上げです。全国には約二〇〇〇の水道事業体があります。『朝日新聞』の報道（二〇〇一年六月一日）によると、一九八〇年から一九九〇年代にかけての一〇年間、毎年二〇〇以上の事業体が平均二〇パーセントを超える大幅値上げをしています。最近では、一九九七年四月からの約四年間で、五九〇事業体が一六～一七パーセントの値上げをしていて、その中の三〇事業体は、この四年間で二回も三回も上げています。

こんなに短期間の頻繁な値上げ、しかも二〇パーセントもの大幅値上げなんて、ほかの公共料金には見られません。水道水をつくるためには莫大な電力を消費します。大阪府民の水道水の七割をまかなっている府営水道は、府で使う電力全体の二〇パーセントまで消費しているほどです。その電気代は、一九九〇年頃大幅に下がって以後下降ぎみの横ばいです。物価は不景気で下落の一途です。それなのに、この異常な水道料金の値上げは何だ、と思いますね。

その一番大きな原因は何かというと、水需要の伸びが予測より小さかったことです。それと、このダム建設、水資源開発工事ですね。造ってしまえば、あとは住民に金を払わせればいい、という安易な発想で始められるからです。不景気になっても、借金

◀琵琶湖調査は漁民が船を提供して協力した

で造り、後は利息ごと住民のサイフを当てにすればいいからです。一級河川を管轄する国土交通省が建設費用の心配をすることなく、流域地図の上に設計図をひいて自由自在に操れる施策です。

琵琶湖は「近畿一三〇〇万人の水瓶」と言われます。二兆円の金を使って工事をしても、みんなで割れば一人分は小さい。それをいっぺんに徴収するのではなくて、水道料金という形で毎月ジワジワ取っていく。目立たない。それが、ダムや堰ができる度にひんぱんに繰り返し行なわれる。水道料金というのはこれまで安かった、というより「湯水のごとく使う」「水と空気はタダ」なんて、安いものと思わされてきたから、安い、二〇パーセント上がっても大したことないと思う。気にしないでいると、やがてジワジワと住民の首を締めてくる。しかも、土木工事は水環境をこわすから水質も悪くなる、いつの間にか高くてまずくて不安な水を飲まされていた、ということになる。

生活に関わる水環境の問題はさまざまに沢山あるでしょうけれども、日本全体に共通する問題としては、水資源開発というお題目のもとに立てられた、全国に数千数百もあるダムや堰の建設が一番大きいのではないかと思います。ダム建設に当たって、これからは決定段階からの情報公開と住民参加が不可欠だと思いますね。ダムの建設予定地の村と文化と人々を守る、水源地域の山林の自然環境を守る、日本の国土と水

高くて　まずくて
不安!
三拍子そろった

環境を守る、それらとダムの効用とどちらを選ぶか。その場合、もしかしたら住民の側は節水という痛みを負わなければならないかもしれない。民意に沿って民主的に決められた施策であれば、住民も当然その痛みを納得して分け合うことができるでしょう。

山田さんのおっしゃる、「水の循環」を考えるという立場に立てば、これはもうこれまでのやり方を明日にでも改善して、新たにやり直すことが可能ですね。ぜひ、日本中がそういう方向に動くといいなと思います。

問題提起

下水道の問題点

加藤英一

◀加藤英一氏

水循環破壊と財政破壊の同時進行

加藤　先ほど山田さんがコストの問題に触れられましたが、「水循環」破壊と「財政」破壊が同時進行しているのが汚水処理の世界です。水循環破壊の例として神奈川県の相模川流域下水道があります。ここは上流に一番大きな汚染源、相模原市という人口六〇万人の町があります。しかし一番下流の海辺に終末処理場*をつくっているという、典型的なシステムです。この中間に処理施設をつくって、川に水を返してやろうという議論をいまやっています。これは、こういう大規模な流域下水道システムの欠陥がもろに現われたものです。

財政破壊の例としては、下水道工事の差し止めを求める住民訴訟、監査請求が起こってきています。神奈川県葉山町や岐阜県輪之内町の例などですが、「汚水処理は必要だが、事業のやり方を間違えてムダな支出をしている」というわけですね。

下水道システムの問題点

二つの破壊について考えるためには、これまでなぜ下水道がつくられてきたのかという歴史を少し振り返ってみる必要があると思います。下水道には汚水処理の役割と、雨水排水の役割が課せられているわけです。最近の下水道は雨水は全くやっていないところが大半ですが、歴史的には二つの役割ですね。汚水処理をやる必要性は、人口や事業所が集中してきたということ。それから以前屎尿は肥料になっていたのが化学肥料が出てきたことによって、戦後、昭和三〇年代ぐらいから肥料としての用途が非常に狭くなってきたということ。それから川が工場廃水などによって汚染されて、何とか下水道をつくらなければいけないという必要性が強まったということですね。

それから雨水排水の方は、これも都市化によってコンクリートで覆われるというこ

＊**終末処理場**
下水道は、下水を集めるためのパイプラインと、集めた下水を最終的に処理して河川等に放流するための処理施設とで構成される（ポンプ施設を伴うこともある）。この処理施設を下水道法では終末処理場とよんでいる。実際の施設の名称は○○処理場、○○下水処理場、○○浄化センター、○○水管理センターなど、さまざまである。なお、全国統計によると、下水道への投資内訳は約七割がパイプライン、約三割が処理施設となっている。

とで雨の水が浸み込まない。それから以前田んぼだったところに家が建つことで、遊水池機能がなくなっている。それから東京でも大阪でも、工場がどんどん地下水をくみ上げたために地盤が低くなって、川の水面が陸地よりも高くなった。堤防で仕切って、雨のたびにポンプをかけなければいけない。そのために排水パイプのネットワークが要るということになってきたと。そういう過去の必要性があったわけです。

そういう流れでこれまで下水道システムがつくられてきましたが、これは決して好ましい現象ではなかったわけです。たとえば地盤沈下を起こさないように事前に手を打って自然排水ができるようにしておけば、ポンプやパイプはつくらなくて済んだはずです。けれども悲しいかな、大阪では二メートルも沈んでいる地域もあるのです。そのためポンプをつけるしかなくなったのです。好ましい結果ではなかったと考えてみると、これから同じようなことが続くと考えてシステムをつくっていくのは、ちょっと待った方がいいのではないかということですね。これはどんな施設でもそうですけれども、つくったものは必ず傷んできてつくり直さなければなりません。そのときにいままでのシステムのままつくり直すのか、違うシステムに移行していくのかという選択肢があるはずです。一遍やったからもう永久にアウトということではなくて、つくり直していくときに必ずもう一度選択が働くのではないかと。そう考えると、大阪なんかでも違う選択肢があり得るのではないかということです。

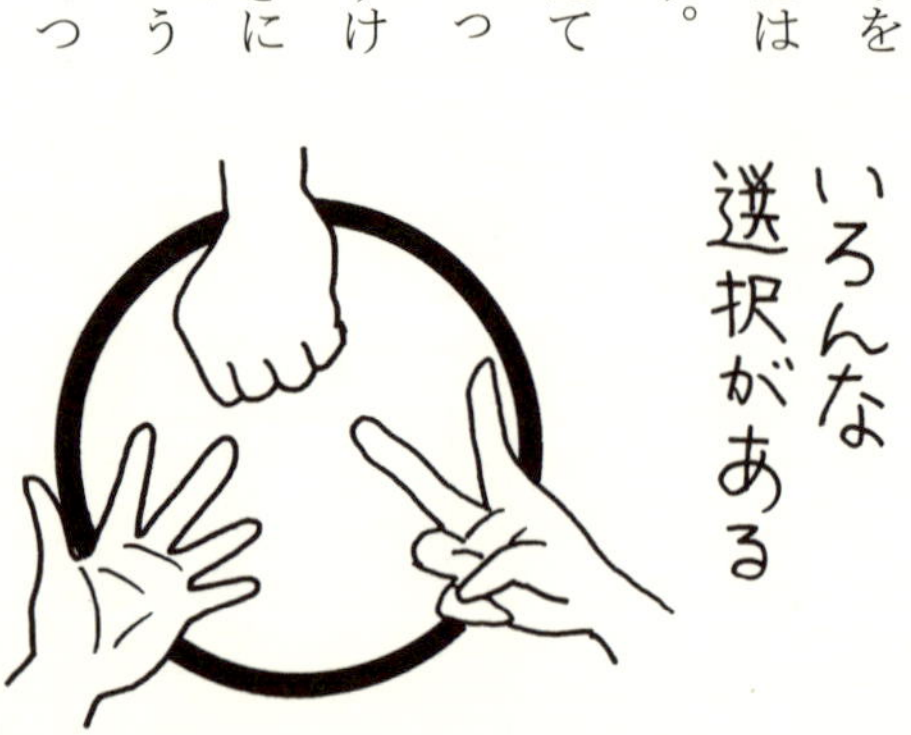

汚水処理の方法としては発生源で処理する方法と、発生源の汚水を集めてきて一括で処理する方法とがあります。これは雨の水の場合も同様で、「分散貯留・地下浸透」という方式とパイプラインで雨を集めてきて一気に放流するという方式があるわけです。このように汚水と雨水両方とも、分散型・発生源処理という方式と、集めてきてできるだけ早いこと処理をするなり外に出してしまうという、二つの方式があるといえますね。

下水道建設は国庫補助金でやられてきた

本間さんの公共事業の話と絡みますが、汚水処理の主体という問題もあります。これまで下水道はほとんど公営でやられてきています。私たちは日常的には公営のものしか目に見えないと思っているわけですけれども、実際には現在日本の汚水処理人口の一割は民営でやられているわけです。典型的なのは三重県名張市です。名張市の汚水衛生処理率は七六パーセントですが、そのうち公営は農業集落排水の四パーセント分だけです。残る七二パーセント分は不動産会社が開発した団地の処理場と個人設置の合併浄化槽*です。

そこでこれまで公営のそういう下水道システムが、なぜ地域に合ったシステムを選んでこられなかったのか。一番大きな原因は、下水道事業が公共事業としてやられて

＊合併浄化槽
浄化槽には台所・風呂・洗濯などの雑排水とトイレ排水を合わせて処理する合併浄化槽と、トイレ排水のみを処理対象とする単独浄化槽があるが、二〇〇一年四月の浄化槽法改正で合併型のみが浄化槽とされ、単独型の新設は認められなくなった。浄化槽の処理技術や機能は下水処理場と同等であり、窒素・リン除去率の高い型式もある。なお、法律上は下水道以外の農業集落排水施設なども浄化槽に分類されている。

きたからだと思うんです。これは国庫補助金というものがあって、全額ではないですけれども、要するに自治体にとっては他人の金でできる。しかし、国庫補助の残りは借金で、その元利償還に追われているのが下水道財政の一番大きな問題なんです。いままで国庫補助金があるということが誘い水になって、そういうシステムを選択してきました。できるだけ国庫補助率の高いものを選ぶという傾向があったわけです。

民営のシステムというのは、そういう国庫補助がない。自分の金でやるわけですからできるだけ無駄のないように、後々使いやすいように考えてつくりますね。けれども公共事業でやる場合にはなかなかそういうインセンティブは働きにくい。というのは、業界が待っているわけですね。早いこと金を落としてくれ、と。それがまた政治家にマージンとして回るとか。そういう闇のルートがあって、たくさんお金を使うことがいい仕事のようになってきたんです。

下水道建設の現場では予算執行に追われて、設計や工事監督の担当者もていねいな仕事ができなくなってしまっています。行財政改革とかいわれて、人をどんどん削られていく。片一方で年度途中に補正予算がつく。この何年間かずっとそうですね。経済対策ということで補正予算がつく。極端な場合は補正で予算が倍になるわけです。年度当初にこれだけ仕事をしますということを決めて、人の配置をしてきたのに、途中でどっと仕事がふえると、ていねいな仕事というか、現場をちゃんと見て、たとえば、ここに水道管が入っているからこれをよけるようにしなければいけないとか、やっていられなくて。発注してから、掘ってから考えるというようなことになってしまっています。要するに予算執行優先、発注優先の仕事にならざるをえない。量をこなさなかったらいかんという仕事になると。これは公共事業で下水道事業をやってきた一つの欠陥というか、問題点だったと思うんです。

良心的にやりたいと思っていても、そういうことができないような仕組みになっているんです。後で予算を追加されてしまうということで。そういう量的な規制をやれる仕組みが必要だったと思うんです。けれども逆に景気対策という名の下に、お金を使うことが奨励されてきました。

水循環破壊と財政破壊をもたらした一番大きな力は、突き詰めてみると国庫補助制度ですね。自分の金を使わずに、人の金を使って仕事ができるというシステムは地方自治体にとってありがたい制度のように思われたけれども、結局は自分の首を締めることにつながってしまったということです。だからいまは税金のとり方と配分の仕方を変えていかなければいけないということだと思うんです、行きつくところは。

いま地方分権の中で国の権限を一部府県に下ろしたり、府県の権限の一部を市町村に下ろしたりしているけれども、肝心の税源についてはほとんど抱き込んだままです。いまも国庫補助、あるいは地方交付税などを通じて中央政府が自治体をコントロール

する仕組みが全く変わっていないわけです。そこを変えていかないと、いま起こっているような問題は解決しないと思います。

下水道財政は大赤字

下水道財政の行きついた結果が、一九九八年度末現在汚水処理をしている公共下水道一二〇六事業のうち黒字はわずか一四事業という数字です。それで一九九九年度をちょっと調べてみたら、事業が少しふえて一二三九事業になっているんです。けれども黒字は減りまして一一になっています。赤字の総額は全国で一九九八年度でおよそ八〇〇〇億円です。一九九九年度は、およそ八五〇〇億円に増えています。これはいまの、銀行への公的資金の注入とかの規模と比べると桁が違うんですけれども。金銭感覚が麻痺してしまっているのかということなのかわからないですけれども。総額で八五〇〇億円というとなかなか実感が湧きませんが、ちょうど京都府の一般会計の歳出一年分と同じです。

一つの市町村でいうと……たとえば滋賀県の大津市でいうと、九八年度の汚水処理経費、これは汚水処理に要した人件費・物件費・元利償還金の合計ですが、約八〇億円かかっています。いっぽう使用料収入は五〇億円弱しかなくて、三一億円ほど赤字になっているわけです。これは事実上一般会計から補填されています。

国のバラまき財政

ところで大津市の一般会計一般職員の職員給。給料、手当て、ボーナスなどですけれども、これが一三九億円払われています。先ほどの三一億円は、この一三九億円の二二・五パーセントに相当しているわけです。一般職員は一七八四人なので四〇一人分ですね。ということは大津市は、職員四〇〇人を余分に抱えているのと一緒です。逆にいうと下水道の赤字を一般職員の職員給で埋めようとすると、四〇〇人のクビを切らなければいけない、という規模になっています。だから大津市にとってこの三一億円の赤字というのは痛くもかゆくもないどころか、大変な額になっているわけです。こういうところが続出しています。

先ほど水道の料金の話が出ましたが、大津市の下水道使用料は平均一五八円ですが、処理原価は二五九円かかっています。黒字にしようとすると、一〇〇円、六〇パーセントぐらいの値上げをしなければいけないということです。彦根市なんかは、使用料一四八円と原価四五四円ですから、三倍にしないと元をとれないわけです。ですがこんな値上げは絶対できませんね、こんな御時世に。三倍に値上がりしますといったら、「あほか」と一言で終わりです。それぐらい、原価が高過ぎるということだと思います。

この原価の大半が、借金の償還です。彦根でいうと四五四円のうち、元利償還費が三三四円。三分の二です。維持管理費は一二〇円なので、これだけなら使用料で回収できるわけです。維持管理費は回収できているけれども、元利償還は追いつかないと。

メインデッシュは
下水でなくて
オ、カ、ネ。
下水道
下水
処理場

そういう構造です。これは、最初の投資の仕方が間違ったと。それは地域に合わないような大規模なシステムを導入し、しかもそれを公共事業という手法で、借金主体でやってきたということ。それを誘導したのが、国庫補助制度だったということです。
水循環破壊を招くような下水道計画が財政破壊を生んでいるわけですけれども、その根本にあるのは国庫補助制度であるというのを、一応今日の結論にしておきたいと思います。

問題提起

「水の多重利用」という考えかた

鷲尾圭司

水を分けて使うという発想の貧弱さ

鷲尾　私の場合は少し観点が違うかと思いますが、水の循環、水がいろいろな形で使われていく現実があろうかと思います。それを水という素材の多面的利用という形で捉えられていることが多いかと思いますが、私はその水の使われている現場を見ていくと、多面的というよりも多重的であると。重なって使っていくという、ものの見

◀鷲尾圭司氏

方が必要なのではないかと思います。たとえば飲料水という観点でいえば、水の供給源があって水源があって、上水道があって、水を使って下水処理をして海に戻していく。それがまた自然循環で戻ってくるという。一つの使い方のストーリーを循環の中で描くわけですね。これでは非常に不十分で、水というのはもっと多重的に利用されるべきであると思います。そういうことで、いくつか挙げてみたいと思います。

琵琶湖にしても川にしても、まず水運というものがあったと思います。船によって物を運ぶ。そういう機能がありました。そしてそういう水面には魚がとれる、あるいは水草がとれるというような水産という観点ですね、そういうものがあった。そしてその水を田畑に引いて、灌漑という形で農業で使われた。そういう場所の下には、粘土がたまる。これはレンガを焼くときに使えるし、あるいは陶器などの焼き物の材料も、その水の場があってできてきたんですね。

それからそういうものが人間の住んでいるところに持ち込まれたときには、まず一番きれいな状態では飲料水。それから町の中の潤いの水ということで、環境水。そしてお風呂、沐浴という形での、身辺をきれいにする水浴びという使い方。それから洗濯物とか食器とかの洗い物。それで汚れた水がおしまいかというと、それでまた水車まで回せると。粉引きの水車ぐらいなら、そういう水でもできるから。もっといったら、車の洗車なんていうのはそういうレベルでいいのではないかと。そういう形で使っ

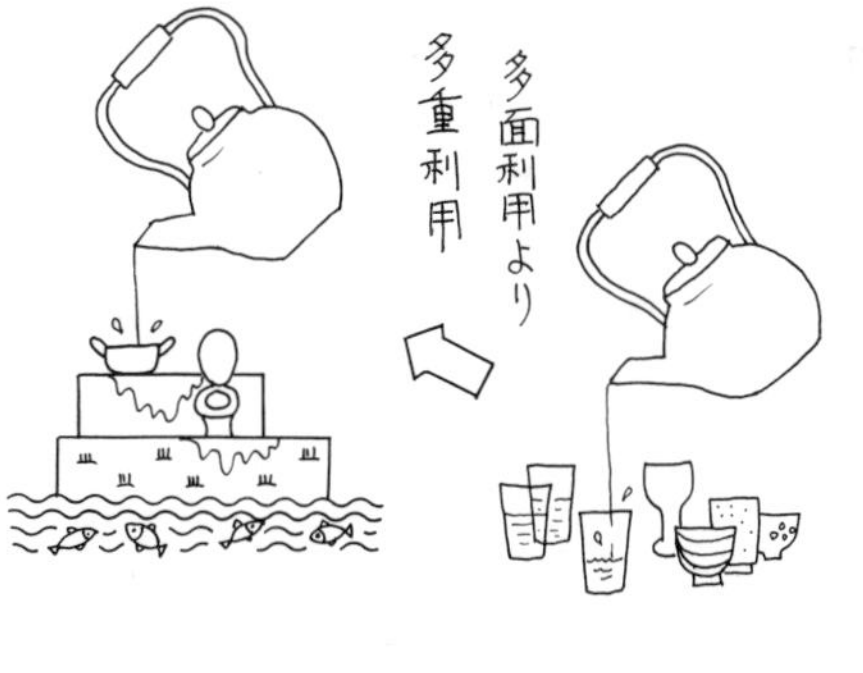

て、最終的なところに戻っていくと考えれば、こんなにたくさんの価値を持ち得るものを何で一つの使い方でしか使っていないのか。その発想の貧弱さに驚きあきれてしまうというのが、いまの水政策なんですね。

ですから、これはとりもなおさずそれぞれの水の側面が縦割り行政という形で区切られてきて、それぞれの所管の下にその利用を考えてきたために起こった弊害ではないかと思います。水運というのは、交通ですから国土交通省。漁業や灌漑というのは農林水産省。飲料水だったら厚生労働省ですか。そういう形でいくつかの所管に分かれて、それぞれが水利権というかどうかわかりませんけれども、それぞれの分野でその用途なり水量の確保を図ってきた。そういうことのツケが、いま現れてきているのではないかと思います。

これは日本という国土が非常に水に恵まれていたから、分けて使うことが可能であったという風土の特性があると思うんです。ですから砂漠地帯に近いような、地球規模で考えたときにそういう水の資源量の少ないところ、そういうところであったら、これを多重に利用していく文化を育まないとやっていけないわけです。いまグローバル化がいわれますけれども、日本でやっているような水扱いの技術をグローバル化しても、そんなもの通用しないんだという諦めをまずつけた方がいいと思います。水の少ないところで知恵を生かして利用してきた、そういうところの技術を逆に日本が学ぶ

水による風土のちがいは 決定的である

ことによって、もう一度違う水文化をつくれるのではないか。それが、私が今回持ってきた話題の一つのポイントです。

洪水対策で排水するより、賢く多重に利用する

きのう実は六甲山の上に行っておりました。あのあたりは保養所なんかがたくさんあったんですけれども、このごろはやらないということでどんどん閉鎖されています。けれどもそういうところに宅地なり何なりという形で、住み込みたいという人たちが結構あります。そういうときに、人が住むためには住むためのインフラの整備が必要です。水はそれなりに供給されるでしょうけれども、下水をどうするか。そういう話になったとき市の担当者はいきなり、下水道を六甲山頂に引くためには何千億円もかかるからできないというんです。それで皆さん、しゅんとしてしまったんです。それで、それぞれ発生源処理の合併式浄化槽をやって、せっかく高いところに水が上がっているんだから下りてくるまでの間にいろいろな使い方ができるのではないかという話をしますと、なるほど水の少ないところ、貴重なところでこそ知恵を発揮する意味があるなと。これは単にそれだけではなくて、水の恩恵をいっぱい楽しむ場所にあるのではないか。話題が広がったわけです。

神戸のあたりですと年間降雨量が一七〇〇ミリメートルぐらいなんです。結構降る

方です。ところが六甲山の樹林帯、木の生えているところは、実質降水量は三七〇〇ミリメートルぐらいです。これは霧が上っていって、それが樹木に捕らえられて木の肌から雫が落ちてくるという、そういう形の雨なんです。だからすごく水量を持つ場所は、実は森があればできてくるわけです。そういうところで得られる水というのを洪水対策のために逃がしていち早く排水するよりは、もっと賢く使った方がおもしろいのではないか。そういうことも話していまして、見放されている六甲山の見直しをかけるときにそういう水利用も考えに入れたらどうだという、そんな話題です。

水質にも多重な評価を

それぞれお話を伺ったことと関連しますけれども、水の循環だけではなくて、その中に含まれるいろいろな成分の循環も同時に考えると、いまいったような多重性がもっとわかってくると思うんです。水に触れる人たちは、まずきれいである必要があると盛んにいいます。それは命の水だからとか、使うための資源としてはきれいなものを扱いたいということがあるんでしょう。けれども実際先ほど言いました漁業なり灌漑なりというレベルであれば、窒素やリンというような栄養分があって、それが生物を育むというところにつながってこそ意味を持つんですね。飲料水であればやはり大腸菌が少ないであるとか、中性に近いとか、いくつかの条件があります。先ほどいいま

汚れは資源でもある

したようにいろいろ多重的な水の利用を考えると、水質ももっと多重的な評価があっていいと思うんです。そのレベルを超えたからもう後は捨てないとしょうがない、処理しないと仕方がないというのではなくて、それを融通し合えるシステムはどうやったらつくれるのか。ですからそれこそ水量と水質と、コストのバランスをどういう形で組み込んでいくのか。そんなところに、実際にそれぞれの地域で使われている水の姿をもう一度観察し直す必要があるのではないか。そういうことを、基本的に考えております。

討論

「水の循環」に視点を

山田　この後、ディスカッションをしたいと思います。

みなさんには私が最初に提起した「水の循環」の視点、それから水量と水質とコストに関して、いくつか具体的な事例という形で説明していただいたように思います。本間さんの場合、琵琶総と苫田ダムという、その二つの事例から、実際上量的に足りているのに、公共事業という形でお金を使うことを進めているということに関して、それをどこでどう止められるのか。そういう問題点が一つ出てくるということです。琵琶総にしろ苫田ダムにしろそれ自身が循環の破壊です。先ほどの鷲尾さんのいい方ですと水の使い方を多重ではなくて、一つか二つの機能だけに特化していこうとしている。循環を破壊したり、あるいは多様な循環を逆にぶった切って一つの大きなものにまとめあげていくという。そういう役割を琵琶総も苫田ダムもしていたと思います。

加藤さんが提起した下水道についても、技術的に見て下水道で、ある程度は浄化できる。けれども都会の川を、「わー、きれい」と思わせるほどではない。まだまだ中途半端な部分がある。結局のところ国庫補助金というお金が流れることによって、お金を垂れ流しながら進んできている。合併処理浄化槽などもっと個々にそれぞれ地域の特性に合ったものができるのに、多様な循環を切って大きくしてきたというところがあると思います。

鷲尾さんが提起された多重的な水の利用というのは、循環の輪というのは小さい輪がいくつかあった方がいいわけで、それでその輪がつながっているというのが、水循環の方法でいうと理想的だと思うんです。その循環への関わり方ですけれども、近場の人々がそこに目配りする形で関わってこないと、結局その関わりがなくなるところで全部輪が切れていって、そこにわけのわからないお金が流れることを阻止できないということがあるのです。元々あった多様な循環が切られて大きくなることによって、お金がそこに流れても直接身銭切って払っているわけではない形で流れるから、間接的でわからなくなってきている。全体的にいってダムも琵琶総も下水道も、そういう流れですね。結果的には水質を悪くすることによって、余計にまたお金がかかる。いってみれば水量と水質とコストの悪循環という形でいままでは動いてきた。

環境とコスト

本間　私はいままで水問題というと、わりと環境というところに重点があったんです。人に、世の中に訴えていく場合も、環境をよくしようと。環境がこんなに壊れた

ら命に関わるよというような運動、自分自身はそれを中心にやってきました。ダムもそうですね。ダムをつくる、長良川でもダムをつくるとこんなふうに環境が、川が汚れていくという問題提起が強かったんです。それは確かに長良川なら長良川、琵琶湖なら琵琶湖にじかに触れて生きている人には非常に大きい問題だけれども、少し離れてしまうと、たとえば苫田ダムの問題でも私にしたら、あそこに行って取材しなかったら一坪買わなかったと思います。そうすると一番わかりやすくて真剣になるのは環境問題にプラスしてコスト、お金の問題です。

税金を公共事業に使うのは、これは私は当たり前のことだと思うんです。ただ、今の使い方があまりにおかしいから、公共事業に使うお金に対して非常に批判的になるわけです。堰をつくるとかダムをつくるのではなくてもっと山を養うというか、緑を豊かにするというか、そういう方向に進めば、そこにお金が投じられれば、こういうことにはならないのではないかと。やはり税金の使い方、お金の使い方ですね。それから政策に対する視点を一般的に強化していくには、コスト問題が一番わかりやすい気がするんです。

それがわかりやすい形で見えてくるためには、いままで隠して、なるべく見せたくないと思っていたところ……、行政なり、大企業なりが独占していたところに光を当ててみせる。加藤さんがやっているようなことをもっと地道に続けて、国民に知らせていくしかないのではないかという気がしますね。

人が見たくないところにわざわざ光を当てて、ここを見よと啓発して全国的に広げたのは、ごみ問題なんです。ごみ問題が起こってきたとたんに行政は情報公開を少し始めたし、住民の意見を聞くようになりました。ごみ問題で何でそれをやったのかというと、つまりごみ問題は、お役所だけでは絶対解決しないわけです。住民がそこに一人一人関わっていかないと、一億二〇〇〇万人が関わらないと解決しないとわかったから、そういう方向に向いたんです。

下水道なんかはむしろ見てもらいたくない、見せたくない。ダムもそうです。そういうところは絶対に情報公開もしないし、住民に向かって訴えもしない。そういうところが実は、水循環とも環境とも密接に結びついている。それをどんなふうに国民が見据えて発言をして変えさせていくかというのが、これからの問題ではないかと思います。そうでないと、水道料金だけでも膨大に払わせられるようになる。

もう一つ、現在の都市住民にとって、水辺というのは楽しくないんですよ。水辺がないからイメージが湧かないんです。水辺というのは人の暮らしの中で非常に楽しい関わりのある豊かな場所だったはずなのに、その思い出がほとんど残っていません。非常に貧しい、自然とのつきあいのない暮らしにさせられてきたわけです。それも一つあるんですね、そういう環境にならされてしまっている。それをどうするかという

ことが、水循環の回復につながると思うんです。

山田　公共事業ということでダムとか資源開発、下水道を含めて実行されてきたことに関してその問題点を提起することが複雑というか、難しいわけですね。そういうことに関して住民側が努力しないと、理解できにくいことがあるんです。ここが一つ、ネックなんです。

本間　そのきっかけが、手っ取り早くお金かも。

山田　お金の問題が一番わかりやすいとは思います。加藤さんが努力して、下水道についてはかなりその問題点が明らかにされてきている。合併処理浄化槽のように別の安い方法もあるよ、そういう代替案もありますね。そこのところまで踏み込まざるをえなくなってきた。水循環というと、僕の言い方だと多様な、鷲尾さんだと多重という使い方というのは、新しく考え出した分もあるけれども、少し前は結構やっていた方法なわけですね。昔には戻れないが、多重的な使い方というのは日本でもやっていたし、それからアジアを含めて海外に目をやると、そのやり方があるわけです。問題あるよということに対して、ちょっと別の生き方もあるよということがいえる。

コストと、それから別の方法や技術と、それを支える仕組みを合わせると政策になってしまいますね。いまの政治の中でもそういう別の方法と別の仕組みが、ある政党から提案されて議論されて、政策に生かしていけるというような流れが要るのだろうと思うんです。

実際に労働組合にいてそういうことをやってきたのは加藤さんだと思います。鷲尾さんも、漁業の立場で長年そういうことを具体的にやってこられたと思います。替わりの案とか、それを政策に生かすというところで何かアイディアを出していただきたいと思っているんですが。

水とのつきあいかた

編集部　日本は非常に水に恵まれていたわけだけれども、水とのつきあいの中で、水が非常に汚れていくわけですね。近代化の中でとり返しのつかないような非常に悪い汚れ方になってしまって、どう水とつきあっていったらいいのかが見えなくなっているのではないかと思うんです。行政的な縦割りだとかもあって……。それで、こういうふうな水とのつきあい方をすることによって、水を我々の生活の中にとり戻せるんだという方向で、いかがでしょうか。

鷲尾　よろしいですか。いまおっしゃった観点が非常に大事だと思っております。だから、何をきっかけにするかということですね。難しいとはいいましても。全部新しいシステムを、設計図を書いてからでないと動き出せないかというとそうではないと思うんです。試行錯誤でやりかければいいと思うんです。そのとっかかりとして、

上水道の水で車を洗うのかという話ですね。だからそういうところに、はてなという疑問符をつけられる発想が、まずあればいいと思います。

現在のところ多くの場所で下水道が敷設されて下水処理がされて、処理水は川なり海なりに放流されています。それは処理されているわけですから、かなりましな水になっているんです。使われた結果として汚れてはいますけれどもそれを処理されて、透視度いくら、水質的にもどのぐらいのランクというのはできているわけですから。そういうものであれば環境水なり洗車の水、いわゆる「中水道」という利用の仕方ができる。しかしそのために新たに、町の中にパイプラインを全部入れていくということを考えると、コストがいくらあっても足りないというところがあるわけです。

同じような問題が、先ほど御指摘がありましたように合流式というちょっと古いタイプの下水道の場合、もう老朽化も進んできていますから考え直さないといけないということがある。何がいけないかといって、大体大阪とか明石あたりですと年間八〇日ほど雨があるんですけれども、そのうちの五〇日は、合流式の処理場では未処理のまま汚水も雨水も一緒くたに放流されている。そういう実態があります。そういうことの実状自体、やはり問い直さないといけないということもあります。けれどもいまの合流式システムの下水道を、またやり直して分流式の形に、一つの町に張り巡らせるというのはもう至難の技です。

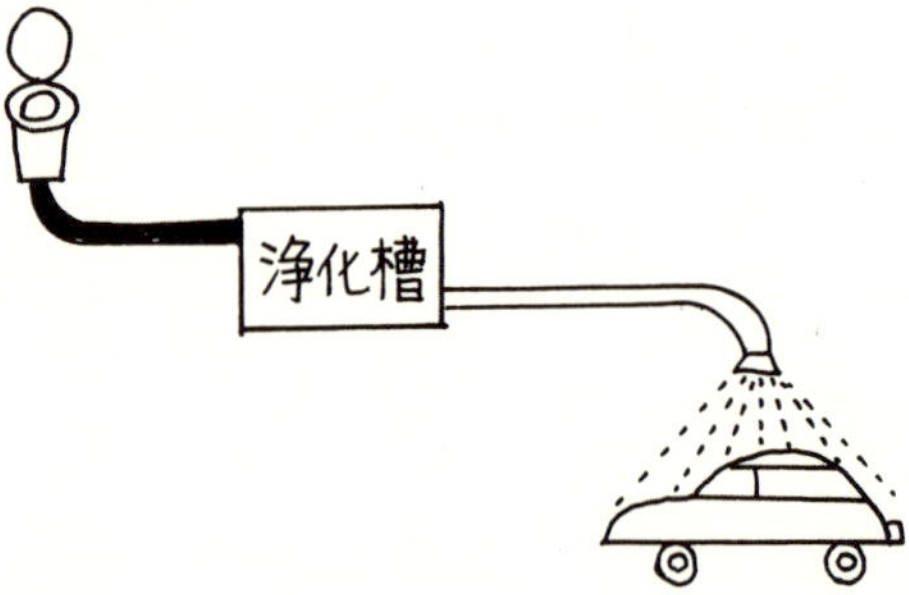

ではどうしたらいいのか。まずそれを何とかしたいなというところ、工夫の余地はないのかと発想するところが、まず大事だと思うんです。諦めてしまうのではなくて。そうすると都市部の再開発なんかで、部分的に一ブロックつくり換えるときがあれば、そこはそこで工事をしてしまう。そこには中水道処理管を入れてしまう。雨水用のシステムを入れる。そういう小さい単位で、直せる部分を積み上げていくことは誘導できるのではないかということですね。だから全体が一気に直るということはないけれども、そういう小さな積み重ねを誘導していくもの、それが見本である。そういうことをやることをほめる。そうすることによって進めていく可能性は一つ出てこないか。

先ほど水辺が楽しくないとおっしゃったけれども、実際川に水が流れていない寂しさがあるんですね。川に水を流すため、水が流れるようにするためにはどうしたらいいのかということになるわけです。やはり発生源処理でとったところに戻してもらうということは原則ではあるんですけれども、全量は無理なんですね。やはり下流へ、下流へと送られていくことがありますから。ですからそういうものを先ほどいった中水道で、町の中に中水道管を入れるのは難しくても、川の上流へポンプで戻し水することはできるわけです。そういう意味で、別のコストがプラスされるということには違いないですけれども、その中でも比較的低いコストで何らかの見捨てられてきた価値を生み出すことはできるのではないか。そういうことのモデルというか、とり組み

事例の積み上げがある種必要ではないかと思います。

水辺ということになりますと、どぶ川のようにヘドロが貯まってくさいにおいがする場所は、迷惑施設という形で位置づけられます。けれどもそういう汚水が流れ込んでたまった場所というのは、見方を変えれば栄養分が貯まり過ぎていることの問題はあっても、決して悪いものではないんですね。人間の価値観からすれば悪いものかもしれないけれども、それは集中し過ぎること、そして使い方を知っていないことによって迷惑になるわけですから。それをどう活用するのか。昔はどぶの泥は農地に還元されて、それなりに肥料の一つとして利用されていた面はあるわけです。いまそういうことが何でできないのか。それはやはり農業の側の受け入れ態勢、それとそういう水路に、むやみに薬剤を含めたいろいろなものが流し込まれてしまう。結果として使いものにならなくなっているという話は、リサイクルの現場でも同じことが生じていますね。ですからその発生源で、何かものがわかってるところに関していえば、いまいったようにどぶになるようなものでも生かせるんだと、そこにほかのものを混ぜないんだという水辺づくりがあれば、そこにザリガニが出てきて、それをとりに行く子供たちがいられる場所が生じるわけです。だから全部を一つの水辺のものさしでくくって何でも排水するために受け入れるのではなくて、用途に応じた水辺設計があってしかるべきだと思うし、そういうものができればその場が、漁業なり何なりの食糧生産の場としても活用できるのではないかと思います。

それと山田先生の話の中で世界中から食糧が輸入されてきて、それが水によってもたらされるということもあるんですけれども、栄養分も非常にたくさん日本に運ばれて、結果的に日本の周りの風土を富栄養化させているわけです。そのために海の中の栄養バランスが崩れていく。いまは赤潮が起こり、ヘドロがたまり、魚が減っていくという状況にきているんです。この栄養をいかに利用していくかというときに、いまノリの養殖なんていうのは、海からの栄養の吸収効果が非常に高いということでノリ自体の商品価値以外の側面も評価されようとしています。

さらに積極的にものを見直していくと、一つ中国の例が注目されています。中国の沿岸では、いまコンブ養殖が非常に盛んになっているんです。コンブというのは元々北の方の、冷水性の海藻です。ですから中国でいうと黄海の北部の方でないとつくれないというのが当たり前だったんです。けれども南方に適応する品種を選び出すことによって台湾の隣の福建省あたりまで、いま養殖地帯が広がってきているんです。コンブを生産して食料にするという価値だけでいうと、中国ではちょっと弱いんです。一部は輸出もされていますけれども。どちらかというとこれは養殖しておいて、食料に使うのではなくて海中林、海の中の森をつくるという形で造成しています。そうするとそこに魚たちが卵を産みにくる。そして隠れ場になる。こういうことで、実は中

国の漁業生産量が飛躍的に伸びていっています。これは、日本や諸外国が藻場を衰退させて海の中の森を失ってきたことに対して、海の中の植林活動をコンブを通じてやってきたことが、いま反映しているのではないかと見られています。

ですから日本の国土でも、周辺に大量に入ってきた栄養分をそういう海の中の森という形で吸収する。これは、いまそういう事業をしようと思ったらコンブの売上高とコストを引き合いにしますけれども、成り立たないんですね。でもそれは一つの環境材として栄養を吸収して、それは流れとなって広く太平洋に栄養を配分していく。自然の循環の方に乗るということを考えれば、偏った栄養分布を改めることにもなるわけです。ですから全部を一気に多重対応するのはとても無理ですけれども、一つ一つの場面でそういう多重的価値でものを組み立ててモデルを進めていくことは可能なのではないか。そういうことが意識変革につながってくると考えられないであろうか。そういう思いがいたします。

「水基本法」

加藤　いまからいうことは、一番最後にいおうかなと思っていたことなんですけれども。これまでの水の使い方とか管理の仕方は、先ほど鷲尾さんがおっしゃった縦割りで、開発重視、浪費型という、まとめていうと、そういうことだったと思うんです。

これからは自治的で、かつ共生型で節水型と、そういうふうに変わっていかなければいけないと思います。それを変えていくのに「水基本法」を制定することが一つのアクションになるのではないかなと思うんです。日本には水に関係する法律は四〇あるという人もいるし八〇あるという人もいるけれども、それほどあいまい、数字自体もあいまいなんです。骨組みになる基本法的なものがなくて、事業法がずらっと並んでいるという感じなんです。水道法、下水道法、河川法という具合に。水基本法をつくっていこうという作業をすることが、そういうばらばらなものを統合していく一つの力になるのではないか。そういう気がしているわけです。

労働組合（自治労）で水基本法の素案が一応出来上がっているんです。これからそれをどう具体化していくのかということです。そういうのは、いままで全然なかったわけです。たとえば河川法の一九九七年改正、あれで流域委員会などもつくって、淀川でも立ち上がっています。けれどもあくまで川という観点でしかない。地下水もあるし、森の問題もあるし海の問題もあるのに、国土交通省の河川局のエリアにとどまっていると思うんです。それで世界の水利用や水文化のことなんかも視野に入れながら、基本法的な法律をつくるのが大事ではないかと思っているわけです。

先ほど鷲尾さんが日本と水の少ないところとの水文化の違いにちょっと触れられました。一九九五年の統計によると、一人一日あたりの生活用水の使用量は、アフリカ

では平均六三リットルなんです。日本は三〇〇リットル（公共施設や営業施設で使用する分を含む）を超えているので、五倍違うわけです。もちろん気温や湿度も違うし、生活習慣も違うから、必要性の高い、低いも多少あるだろうけれども。三〇〇リットル使っている日本やアメリカの生活パターンが世界の豊かな生活のモデルになっているわけです。

それが水道技術、下水道技術とともに海外移転していってしまって、水の少ない国ではごく一部の人しかそういう豊かな生活を享受できなくなった。それが国内の政情不安の原因にもなっているということです。水の取りあいになれば国際的な紛争にもつながるかもしれません。というより、ヨルダン川など現に紛争が続いているわけです。日本の水文化、水技術が海外移転することによってそんなことが引き起こされては困ります。先進国日本の、あるいは国民の責任として世界に通用するような節水型社会をつくっていかなければいけないと思います。

節水がどれくらいの水量なのかの結論はもっていませんが、とりあえず半減を目指して、どういうシステム、技術、法制度などがあり得るのかという検討をやっていけばおもしろいのではないかと思うんです。

それからもう一つちょっとつけ加えますけれども、タイムスケジュールというか、どれぐらいの時間幅でものを考えるのかということなんですけれども。先ほど施設の

改築とかのことでいいましたが、そういうことを視野に入れると、五年や一〇年では片がつかないと思うんです。住宅の建替えだとか町の構造を変えていくといわれましたけれども、五〇年スケールぐらいでものを見ておかなければいけないのではないかと。実際それぐらいかかっているわけです、いままでの下水道の整備にしても。過去つくったものをある程度生かしながら次のシステムに移行しなければいけないと考えると、三〇～五〇年ぐらいの時間軸で考えることが必要でしょうね。あまりあせることはないと思うんです。方向さえしっかりすれば徐々にやっていけばいいと思います。

ビオトープ

山田　水辺が楽しくないというお話がありましたね。普通の生活者として水辺とどうつきあうか。水とのつきあい方がわからなくなっているということで、逆にわかりやすいつきあい方を提案していく必要があるかなと思います。

一つは、都市をどう考えるかというのがある。大都市が東京や大阪に象徴される中で、実際に水とのつきあいなんて、家庭で蛇口をひねるか、トイレで屎尿水を流してしまうかという以外のつきあい方はそんなにないわけです。いま都会の中で水道と下水、家庭から流す以外の水とのつきあい方をとり戻すのは、すごく大切だと思います。かつてため池とか小川とかいわれる、そういうものとつきあった水辺がありましたね。

ため池、小川はやはり一番楽しい水辺とのつきあい方だったと思います。これをもう一度、何とか都市に復活させる。そのことが非常に難しいわけです。現実はため池とか小川を汚したり、その存在をなくすという形で都市をつくってきた経過がある。ただ、いまそういうことに対する欲求はふえてきています。

結果的にいまふえているのは、ビオトープ*という言葉なんですね。生物が生息できる空間をビオトープというんですけれども、それをつくろうという動きがふえています。いま学校ビオトープが、はやりなんです。兵庫県では神戸市が推奨している。学校の中に、いままでならコンクリートで水槽をつくっていたんです。そのコンクリートをはがして水辺に、いわゆる水生の植物が生えるようにつくり変えるわけです。そうすると、トンボが来るわけです。

そういうのがはやっているというのは、ある種情熱を持って推進している人たちがいるんです。それは学校の先生であったり、生徒であったりするんです。最近はマンションとか団地をつくるときも、真ん中に小川をつくったり池をつくったりしてビオトープをつくるというのが、かなり普及しているんです。

加藤　住宅公団なんかですね。罪ほろぼしみたいな。

山田　本間さんがいわれたように、水辺と関わることは楽しいということに関する、都市住民の欲求がある。いままでそれをずっと無視してつくってきたけれども、少し

＊ビオトープ
Bio（生物）とTope（場所）の合成語で「生物の生息空間」を意味する言葉。生態系として特定の生物群集が生存するうえで必要な空間の単位のこと。「自然」を「緑」だけでなく「生物」を含めた一体の物としてとらえ、現存する環境を保全あるいは修復、創造していく場合に、人間と生きものとが共存できる場づくり、空間づくりを意図した用語といえる。都市化やそれに伴う開発等で雑木林や湿地や池などが都市から失われつつあるなか、ビオトープを人工的に復活させて多様な生物が生息できる空間を都市のなかに創造しようという試みがしだいに広がりをみせている。

はそういうものを都市の中につくろう、学校にもつくろうということです。

本間　いつまでも水が残っているかしら。うちの近くのマンションは、団地の中に水路を流して小さい橋をかけてやっていました。それが、いつの間にか水を流さなくなりました。

鷲尾　ポンプのメンテナンス費用が出てこないんです。

山田　水辺をつくっていくというのは単に水を流すだけではないということですね。そこに生き物なんかが生息できる状態にしておこうと思うと、難しいのは維持管理です。そして結局鷲尾さんがいっていた話でもそうだけれども、どういうふうに人が関わって維持管理していくかというノウハウが一番重要なのです。いままでは維持管理をするのは面倒くさいから、維持管理がなくてもいいようにするということで切ってきたところが、結局水との関わりがなくなってきた部分ですね。

本間　阪神電車の淀川駅から大阪市立下水道科学館に行く道ぞいの水路は見事に維持管理できて、いつ行っても水が流れていますよ。あれは、海老江下水処理場の処理排水の利用でしょう。

山田　その場合は、処理水を流しているということです。もう少しそれを子供が遊べたり、あるいは魚も、場合によったらトンボとか、いま一番象徴的なのはホタルとか、メダカとかが住めるようなそういう水環境に変えていく。そういうところまでいっ

◀浮島型ビオトープ

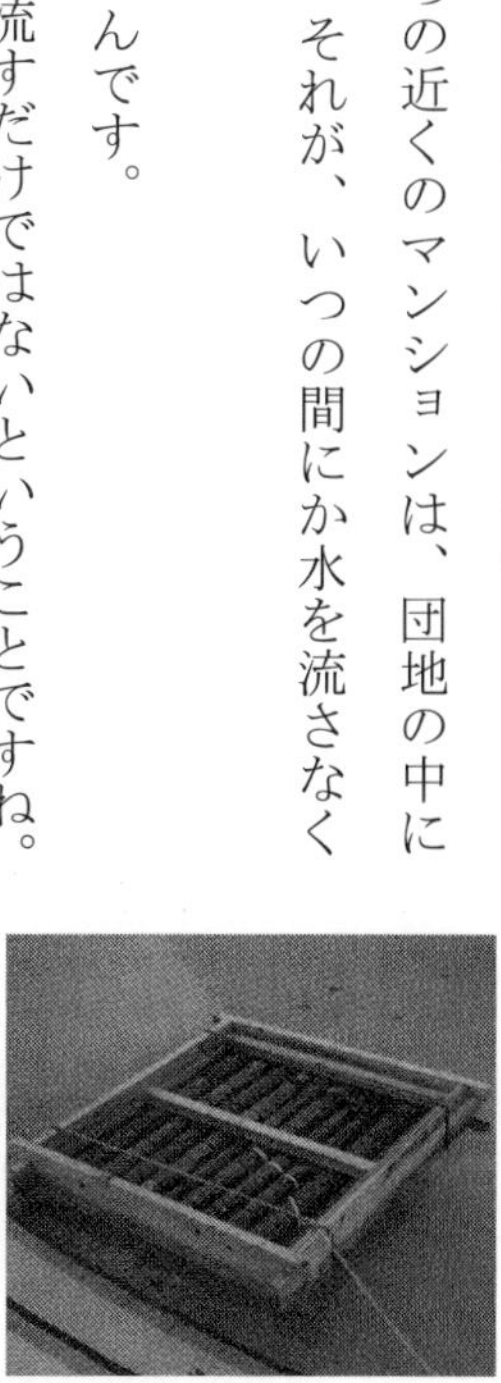

（間伐材を利用した枠）

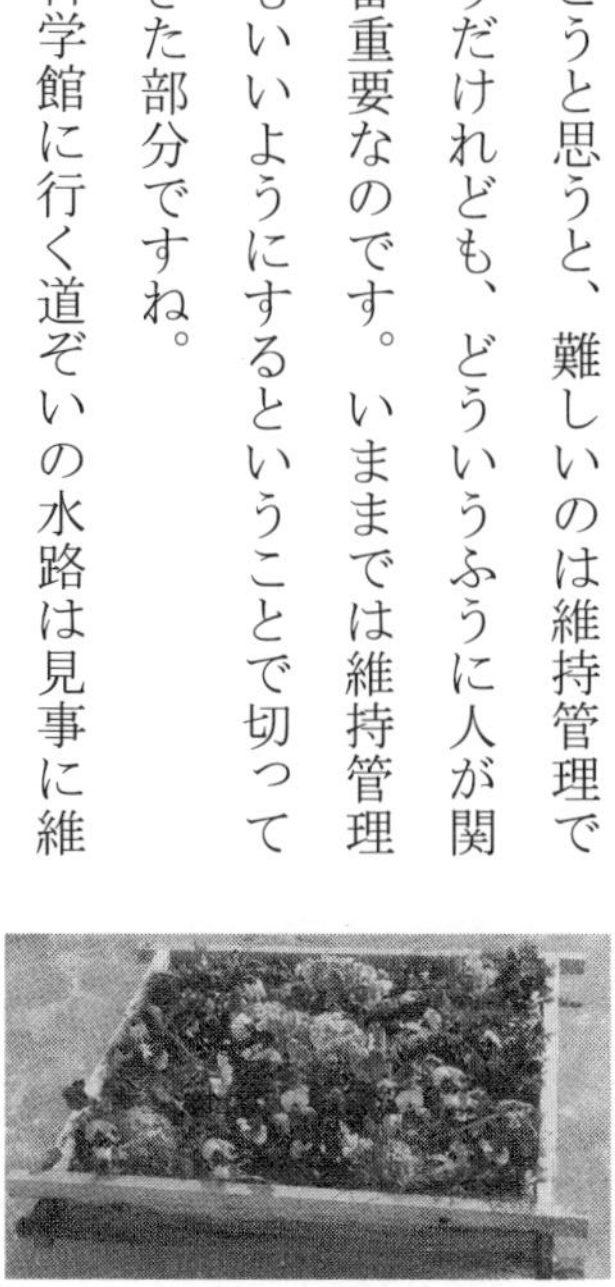

（植物が繁茂したところ）

ているビオトープはまだ少ないんです。現状はホタルでもほとんど養殖しているから、無理やり連れてきて、そこへカワニナを連れてきてという感じです。自然にホタルが復活するようなところまで来ると、多少楽しさみたいなものが戻ってくると思うんです。僕が思うには、ビオトープづくりがふえてきているのは、欲求があるわけです。そうしてほしい。自分らがそうしたい。そういうことをつくりたい、関わりたいというのがあるんですね。これはかなりの流れだと思うんです。

一方で八割が都市に住んでいますね。逆にいうと農村も山村もみんな過疎なわけです。そちらの森林は、ほったらかしなわけです。たとえば間伐材なんて使い道がないから、積んであるわけですね。朽ち果てていく。都市近郊には竹やぶがありますが、薄暗いぐらいまで竹が生え過ぎて、放ったらかしにしてある。一方で都市の方に行くとコンクリートだらけですね。ビオトープをつくるときの材料というのは、間伐材があって竹があったら、あとはちょっとした材料があれば大体できるでしょう。そういう意味でいうと、片方は過疎で余って放ったらかしてある。片方では都市に本当に必要なものというのが、コンクリートではなくて間伐材であったり竹材であったりというこことで農山村の材料を持ってくれれば都市にビオトープ的なものをつくれるわけです。

都市の中にもそういうエコロジカルな水辺が要る。それをつくっていくことも可能だ。問題はやはり、人の関わり方だと思うんです。つくるのは簡単だけれども、つくっ

た後生物がちゃんと生息していけるように、人間がそこに関わっていかなければいけない。その関わり方のところが、まだノウハウとしてあまりできていない。いままでは面倒くさいからメンテナンスフリーにしてきた部分を、もう少し楽しく関わる部分へ変えていく必要がある。自分たちが、水辺の生物が生息できるように維持管理する。そういう関わり方にしないとできないと思うんです。

そこのところのノウハウが、いままでの流れと逆方向になるのです。柳川の広松伝*さんの言い方ではないけれども、あまり面倒くさい関わりというのはできないですが、ほんのちょっと面倒くさい関わり方というのをしないと、楽しい水辺を復活するのは難しいと思うんです。結局そこを放棄してしまうために、全部お上に任せるとか税金で何とかするという話になっている。循環をとり戻すためにはもう一度、それぞれ一市民がちょっとだけ面倒な関わり方に戻る。技術的なものとかお金の流れをその方向に変える。そういう組み合わせをしないと、復活できないですね。

僕は、やればできるとは思っているんです。ただそれはいまいった技術とお金の流れと、法律的なバックアップが育ってこないと、なかなか難しいんです。明らかに市民的な要求は、都会にも子供が遊べる小川が欲しい、ため池も欲しいということです。でもため池一つとってみても、結局溺れたらだれが責任をとるんだという話が先にあるから、役所は全部回りを柵で組んで、入ったらいけないとするわけです。子供はそ

***広松伝**（ひろまつ・つたえ）一九七七年、荒廃し埋め立てられることになっていた柳川市街地の堀割再生に奔走、住民を巻きこんで取り組んだ。その活動記録は、長篇記録映画「柳川堀割物語」（宮崎駿制作、高畑勲脚本・監督）に克明にしるされている。以後も、水と人間との関わり合いがどうあるべきか、技術文明一辺倒の現代で水思想がいかに大切かを訴え続けている。日本の水問題解決に向けて心血を注いでこられた広松さんは、たいへん残念なことに二〇〇二年五月一五日に急逝されました。

の柵を乗り越えて遊びに行くわけです。落ちたら死んでもわからないというのが、いまの現状ですね。それよりも柵をとり払って、落ちても溺れないようにちゃんと段をつける。それの方がはるかにいいのに、そういうふうにお金が使われない。これはまだ、ため池はそういうものでいいという合意が市民側にもできていない。

本間　昔は柵なんかなかったですからね、川も池も。

山田　そうでしょう。柵をして、だれが入ったかわからないようにするから問題が隠れてしまう。子供は柵を簡単に越していきますよね。落ちたらみつからない。かえって危険にしているのに、それで行政の責任は、勝手に落ちた人が悪い、親が悪いという話でおさまっているわけです。まだ本当に楽しい水辺を復活するという合意ができていない。そこは、やはり乗り越えなければいけません。

水辺との関係性をつくる

鷲尾　ため池というのは、そういう意味では農業用水を貯めるためにだけあるように思われています。ため池を日本に導入したのは弘法大師といわれています。彼の功績としては、どうやってため池をつくり、用水路をつくったらいいのかという、その土木技術の面で評価されているけれども、実はその周りに、結局はあと信仰が残っているんですね。お大師さんの信仰が。それは何かといったら、お祭りをすることなど

を通して関係者が集まり、集団で維持管理していく管理ソフトを残していったことなんです。

それこそ四国の方でお遍路さんがああやって巡っているのも、御接待というソフトがあって動いているわけでしょう。いま、ものすごくはやっていますけれども。そういう心の、信仰の部分。そして何を大切にしたらいいかという部分が、いま呼び覚まされつつあるわけですから。小川やため池というものの、多面的な機能。それをメンテナンスするために、年に一回泥さらいをするんだとか。その泥は、付近の田畑に入れていく。そのためには、普段管理しているところに入れていいものといけないものを区別する。降ってくる雨があまりに酸性だったら、何らかのちょっとした中和措置を考えてやるなりが必要なのです。

ビオトープといってはやっていますけれども、おっしゃるとおりトンボ、メダカ、ホタル。これは三種の神器なんですね。蚊とクモとヘビが出てきたら、つぶしてしまえという話になるんです。だからそれもやはり自然のうちなんだ、大切なんだという形で、笑って遊べるような。そういう仕組みづくりが必要なんです。

本間　蚊がいないと、トンボが育たない。

鷲尾　そうなんです。特にカエルなんかはね。だからそういう意味で、弘法大師の持ってきたものは一体何だったのかということを、一つの技術の導入のところからも

いくらねっしんに
さそわれても
あんな
お水じゃね・・・

う一度捉え直してみる。単に技術だけではなくて、それを地域の住民が維持管理して、大事にしていくためのものの考え方なり仕組みを持ち込んできたと思うんです。そちらが忘れられて、ハードの技術だけが残ってるんですね。

山田 ソフトなんです。人の関わりのソフトが全部嫌われてしまったところが、楽しい水辺のつきあい方がなくなってきた一番の原因だと思うんです。

鷲尾 御接待であり、心の癒しのためにやることなのであって面倒ではないんです。面倒なことを御苦労さんといったら、ＰＴＡになる。でもしなくてもいいのに、お接待はおせっかいといわれるぐらいのことを勝手にやりたい人がいまふえているわけです。それでやってもらったらいいんです。

本間 私は四国ですけれども、巡礼の御接待はすばらしいですよ。

山田 生きていく中で、人の関わりとかというのは、楽しい部分だと思います。

本間 まず、水辺が消えてなくなったんですよ。地域から。それで水辺を通して持っていた、伝統というようなオーバーなものでなくても、どういうのかな、そうね、心がなくなった。私が枚方市の郊外に引っ越したとき、周りは全部田んぼだったんです。小川にはザリガニがいるし、お父さんと子供がいっしょにザリガニをとったし。丘の上に農業用水の池があって、年に一度、水を抜いて干すんです。そうしたら池からコイやフナが小川へいっぱい流れてくるんです。みんなザルを持ってすくいに行きました。

鷲尾　そのときに、大体五月ごろですけれども水路の周りの草刈とかね。それをできる準備をみんながやるわけですから。面倒のためにやるわけではなくて、楽しみのためにやっているんです。

本間　みんなが出て草を刈ると、草を刈った仲間、町内のみんなが楽しくなって、つきあいがふえて。今度の日曜日はそういう日ですよというのが回覧版で回ってくるとみんないそいそ出て、子供も一緒に。だって子供は親公認で水の中に入れますもの。

鷲尾　それが、弘法大師の効用だったんですよ。

山田　経験的に大人は知っているわけですね。それがなくなってきたわけです。どうしたらもう一度復活できるのか。

本間　昔は池に子供が落ちて死ぬでしょう。そうしたらその子の親ははだしになって、村落中謝って回りました。穢して、申しわけないと。大事なお米のお水をうちの子が汚して申しわけない。

山田　実際上そうして汚したということもあるのかもしれないけれども、ある種子供にそういう関わり方をちゃんと教え込まなかった親の責任というか、一つはある種の贖罪というか、そういう感じがあるんだと思うんです。

本間　そうですね。みんな川で泳いでいたものね。よほどでないと、溺れるはずがないんです。

山田　水辺を復活させるというのも、子供の関わり方から含めてソフトの部分を同時提案していかないと進まない。ため池の柵をとる、とらないという問題で仮にアンケートをとったら、大議論になってしまう。危ないから柵をしてくれというのと、とり払えというのとおそらく両方あって、その議論を踏み越えないと、いまは進まないところがありますね。

流域と自治

鷲尾　それとため池自体の水利権者が限定的に権利を持っていて、管理責任はあるけれども実際自分たちは水を使わないという場合が多くなってしまっていますから。そういうのは、封印したがってしまうわけですから。使っていない水利権に関していったら、そういう意味では公共が吸い上げてしまうなり何なり、別の価値を持たせてしまうなり。そういう政策的な誘導は必要になってくるのではないかと思います。

山田　よく似た話で、いまは森林もそうです。実際に材木として利用しないけれども森林の地主がいて、ところがほとんど間伐とか手入れをしないから、放ったらかしてしまうことによって山崩れが起こるという問題はある。実際に地権者とか管理責任者が、ものを使わなくなったことによって放ったらかしにする。結局のところそれにうまく市民が関われないという問題もある。

本間　その水利権の問題ですけど、淀川に水利権を持っている農業団体はいっぱいいるわけでしょう。大阪なんかほとんど水田がなくなったから、その水利権は余っているわけです。ところが農業団体は絶対に手放さない。手放したらもう戻ってこないと思うから、握っているわけです。そういう農業用水の水利権というのは、工業用水と生活用水を併せるよりももっと膨大だから。それこそ食糧一トンつくるのに水千トンですか。千トンかかるぐらいだから大きいですよ。その水利権を生活用水に回せば、そんなにダムをつくらなくてもすむ。実際に使っていない農業用の水利権も水利権がある限り計上されてくるわけでしょう。農業用水の水利権は、売らなくて手放すのが嫌であれば、工業用水はもう余っていますけれども生活用水にそれを一旦貸す。淀川を船でずっと下ると、農業用水を引く樋門*が岸沿いにたくさん見られます。淀川の水位が下がったから樋門の方が上になって、水なんか一滴も入らないようになって。草に埋もれてしまっていますよ。

山田　高槻のところからずっと番田井路《ばんだいいじ》（農業水路）が吹田や大阪に来ているんです。わずかに田んぼが残ってるんです。そのためにかなりいい水がずっと流れていっているけれども、本当をいえば使われずに流れている。あれを小川をつくるのに使えたらいいのにと思う。ところがそういう水利権がないから、そこまで来ているのに使えない。加藤さん、基本法ではそういうところまで、仮に案があるとすれば触れるん

＊**樋門**（ひもん）
取水、排水や船運のため、堤防を横断して作られた通水路。大型で開渠のものを水門という。

ですか。

加藤　それは、流域自治をやろうと。流域単位の自治をやろうということですね。一応、「流域連合」という名称を考えています。国が持っている水利やダムの許認可権限なども新しくつくる流域連合が一括して管理するようにしようという発想なんです。それは府県や市町村が入り、もちろん住民も参加する場だけれども。いままで縦割りでやっていたところを、流域という横組みでいこうということなんです。

山田　農業用水を使えたら、ビオトープにしろ小川にしろ水のないところで利用できる。運動場にため池をつくろうと思ったら、水をどうしようかということになる。水をどこかから引いてこなければいけない。地下水か水道水、場合によっては水道水を使っているところもあるけれども、仮に近くまで農業用水が来ていたら、それを使ったらいろいろ多重に使える。その水利権関係のところは、整理しないと。新しい法律か条例かをつくる必要があります。

本間　新しい法律がつくれるかどうか。水不足で紛争が世界各地で起こるけれども、これだけ水が豊かな日本で、農業用水の水利権に指一本触れられないんですよ。

加藤　それは、原因がはっきりしているんです。ただで取ろうとするからですよ。ちゃんと金を払ったら、済む話です。だからその水基本法素案の中に、「適正補償原則」というのを一応入れているんです。ただで取ろうとするから、だれも手放さないのです。適正なお金を払いましょうということです。いままで管理してくれたわけだから。御苦労さんでした、そういう感謝の気持ですね。それから、要るときには返すという弾力性も必要ですね。

本間　ダムをつくるより、水利権を貸してもらう方が安上がり。

鷲尾　静岡では、水道水にトンあたり一円の上乗せをつけて、水源林にそのお金を出す。

加藤　静岡の例は知りませんが、愛知県の豊田市でやっていますね。水道料金の領収書の明細に、この一円は水源保全に使う、と書いてあります。

鷲尾　一トンあたり一円つけて、それを集めて財源にして、それで水源林を保養する費用にすると。

山田　自治体が独自に税制を出せるようにかなりなってきた。水源税とか水源条例という形で。確かに加藤さんがいわれるように、水利権を無料で放せというのは説得力がない。そこそこの経費を払ってでも、農業用水を活用する必要があると思います。

加藤　ところが、農業用水や工業用水だけでなく生活用水が余っているわけです。二〇〇一年三月の府議会で大阪府は水需給計画を見直して、いままでの一日最大給水量二六五万トンを二五三万トンへ、一二万トン下方修正したわけです。能勢町と豊能町へも給水区域に広げたのに、逆に一二万トン、五パーセント弱ですけれども減らし

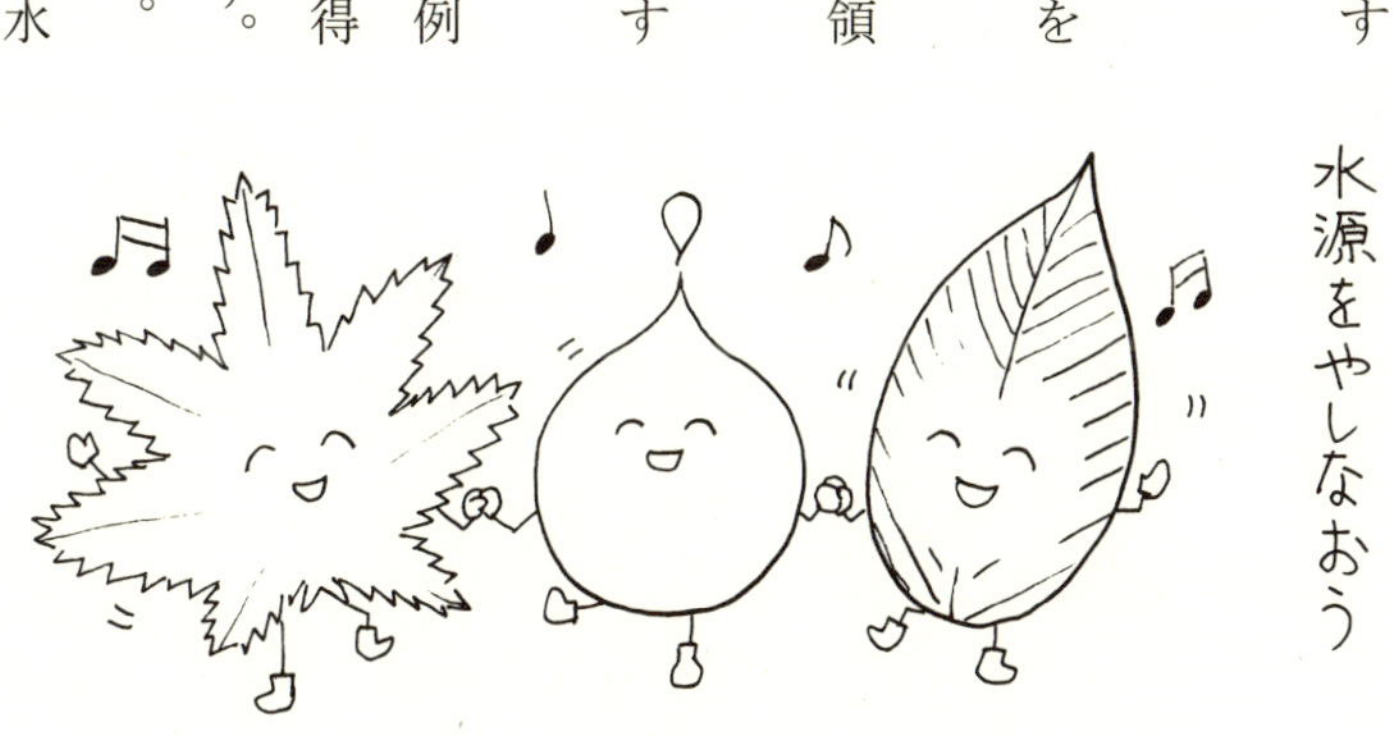

ているわけです。減らしたこと自体は画期的だと思いますけれども。

本間　五パーセントでいいの？　それに大阪市水道の分もあるでしょ。

加藤　安威川ダム*や、紀伊丹生川ダム*、紀の川大堰*などの建設計画が絡むので、かなり攻防があり、まあ、政治決着という面もあるようですが。

実はもう一つ大きな問題がありまして、それは今、言われた大阪市も余っていることです。日量七〇万トン余っているらしくて。大阪府と大阪市を合わせたら、新たな開発はいらないわけです。

本間　府と市で一日七〇万トンも余っているんですか。すごい量。

山田　だから、いま出た水利権の見直しが必要なんです。

加藤　それは大阪府や大阪市など同じ地域にある自治体同士の間で計画をきちんと突き合わせて調整すれば、開発はみんな要らなかったわけです。七〇万トンというと毎秒八トンですね。日吉ダム*が三・七トン、丹生ダム*が三・二トン、安威川ダムが〇・八八トンですから、みんな吸収されてしまいますね。

山田　槇尾川ダム*なども必要ない。

加藤　槇尾川は利水ではないけれども。大阪府、市がそれぞれ独自に計画をつくってきたことによって、つくらなくて済んだものがどんどんつくられてしまったという。大阪市は、「欲しいのなら売ってあげます」という立場ですね。

＊安威川《あいがわ》ダム（大阪府）
大阪府が淀川水系神崎川の支流・安威川中流部に計画している多目的ダム。水道用水としては日量七万立方メートルを計画。

＊紀伊丹生川《きいにゅうがわ》ダム（和歌山県）
国土交通省が紀の川支流の紀伊丹生川の名勝・玉川峡に計画している多目的ダム。大阪府の水道への供給を計画。

＊紀の川大堰（和歌山県）
国土交通省が紀の川の河口から約六キロメートル上流に計画している多目的堰。新規利用は日量七〇万立方メートル（うち水道二・五万立方メートルは大阪府に供給）。二〇〇二年秋に部分稼働予定。

＊日吉《ひよし》ダム（京都府）
水資源開発公団が淀川水系桂川上流に建設した多目的ダム。新規利水開発水量は三・七m^3／s。一九九八年完成。

＊丹生《にゅう》ダム（滋賀県）
国土交通省が琵琶湖・姉川支流の高時川上流に計画している多目的ダ

本間　欲しいのならではなくて、水の押し売りしたがってる。

加藤　大阪府は「何で大阪市から買わなければいけないんだ」と。意地の張り合いですな。

本間　でも農業用水というのは、これから二一世紀になって食糧事情が厳しくなったら、日本も減反政策は緩めていかなければならないですね。そのときは農業用水は要るわけだから。

山田　だからその場合は、いまのを多重的に使えばいい。

鷲尾　いま田植えは一枚入れて、排水したら終わりですよ。昔みたいに上の田んぼで使って、それを順送りに下まで流していくなんてやっていないですもの。

本間　それで私が産直してもらっている有機米の田んぼは助かっている。上の田から順番に水を入れると、有機農業をしている田畑は、上の田の農薬や化学肥料が溶けこんだ水が入るではないですか。多重使用も問題あるなあ（笑）。

都市をエコロジカルにする方法

山田　関西でいろいろ回った中でいいなと思ったのが、実は平安神宮の中にあるんです。そこの庭は、ビオトープなんですよ。あそこには、琵琶湖が封印されているんです。あれぐらい生物が多様に生きている空間が都市の中にあるというのには、感激

ム。新規利水開発水量は三・二三m³／s。

＊槇尾川《まきおがわ》ダム（大阪府）
大阪府が大津川支流の槇尾川最上流部に計画している治水ダム。計画高水量八五m³／sのうち七五m³／sをダムで貯留する計画。

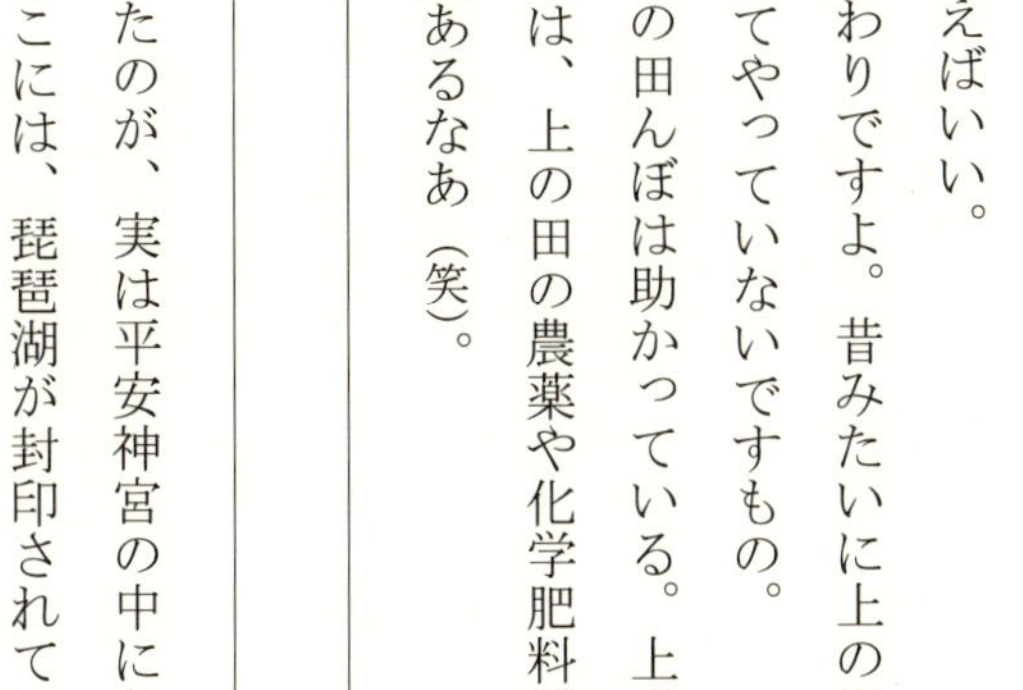

これ以上水の押し売りはゴメンだ！
府県
市町村
国

しましたね。琵琶湖疏水からつながっていて、池がいくつもあって、小川がつながっていて、中にハリヨとかスッポンとかがいます。いっぱいショウブがあって、春の七草、秋の七草があって、万葉集に詠われた植物がずらっと生えていてというようなところがある。入園料は六〇〇円とられるんだけれどもおもしろい。

本間　あれは疏水から入って、疏水へ出ているわけですか。

山田　そうです。単なる庭園ではなくて、あれはビオトープなんですよ。生物ができるだけいろいろ生息できるように宮司さんがつくったんです。いわゆる竜安寺の石庭とかと違うんです。生き物が確実にいるお庭なんです。だから、おもしろいです。

本間　町の中の池は、みんなどろっとしてにごっているのに。

山田　それは池だけにするから。たまり水にするからですよ。川の途中につくって、水が通過していけばいい。

鷲尾　だけど、ヘドロのあるような場所を好みにするものもあるわけだから。ボウフラとか、カメとか。

山田　そういう意味でいうと水辺を復活する技術はあるんですよ。水利権とかの仕組みと、あとはやはり手入れがいるんです。平安神宮なんかでも、そこの宮司さんが専門的に関わっているんです。

琵琶湖で絶滅した生き物も、まだあそこに残っているんです。ハリヨも、スッポン

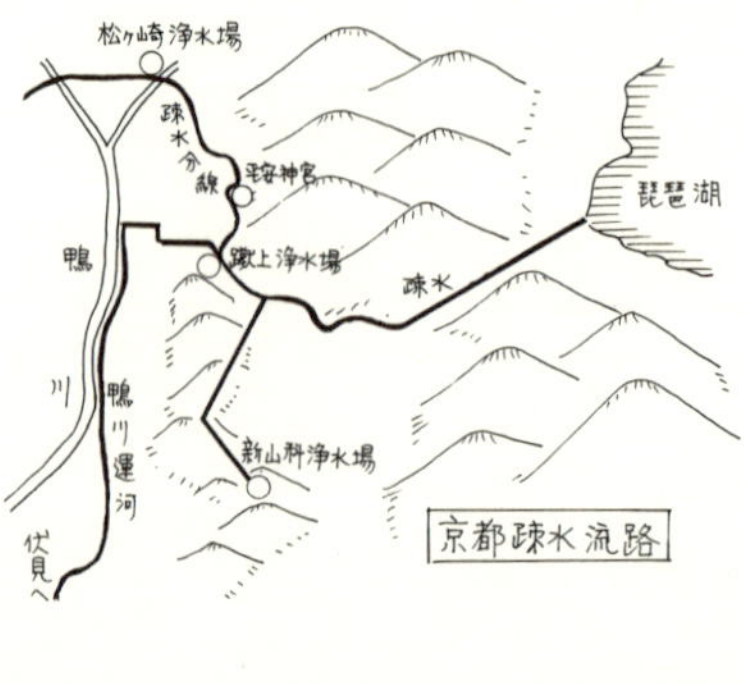

も泳いでいるんです。僕はこの前行ったんだけれども、ものすごくよかったですよ。

本間　平安神宮といえば、コイしか知らなかった。

山田　感激しました。平安神宮の前は、赤いぴかぴかで砂しかない。庭園に入ったら、がらっと変わる。中に入ったら、生物だらけ。明治神宮の中にショウブの畑みたいなものがあるんです。それも同じ感じでしたけれども。

鷲尾　ただそういうビオトープに位置づけられるものというのはできているんでしょうけれども、点としてつくられるんですね。それを自然の力で自動更新されていくようにしようと思うと、点だけではだめなので、それが線なり面なりという、ある程度広がりを持っていないと持続できないですね。そういう意味で町の中のグリーンベルトであるとか、何かそういう機能と合わせることはできないか。神戸の学校のビオトープにしても、今度次は運動場に草を植えるという形で。いま真白な砂だらけの運動場に、やりたいのは芝生みたいなものですけれども、要は草を入れると。そうすると、それだけ自然の面的な広がりが出てくるわけです。だからそういうものと組み合わせて、仕掛けていけないかというところまで来ているんです。だからそういう意味で点だけに終わらせずに、きっかけとしては点かもしれないですけれども、それにどう枝葉を広げていくか、そういう関係も課題としてあると思います。

本間　たとえば、福島区では海老江下水処理場の処理水が、阪神電車の淀川駅を降

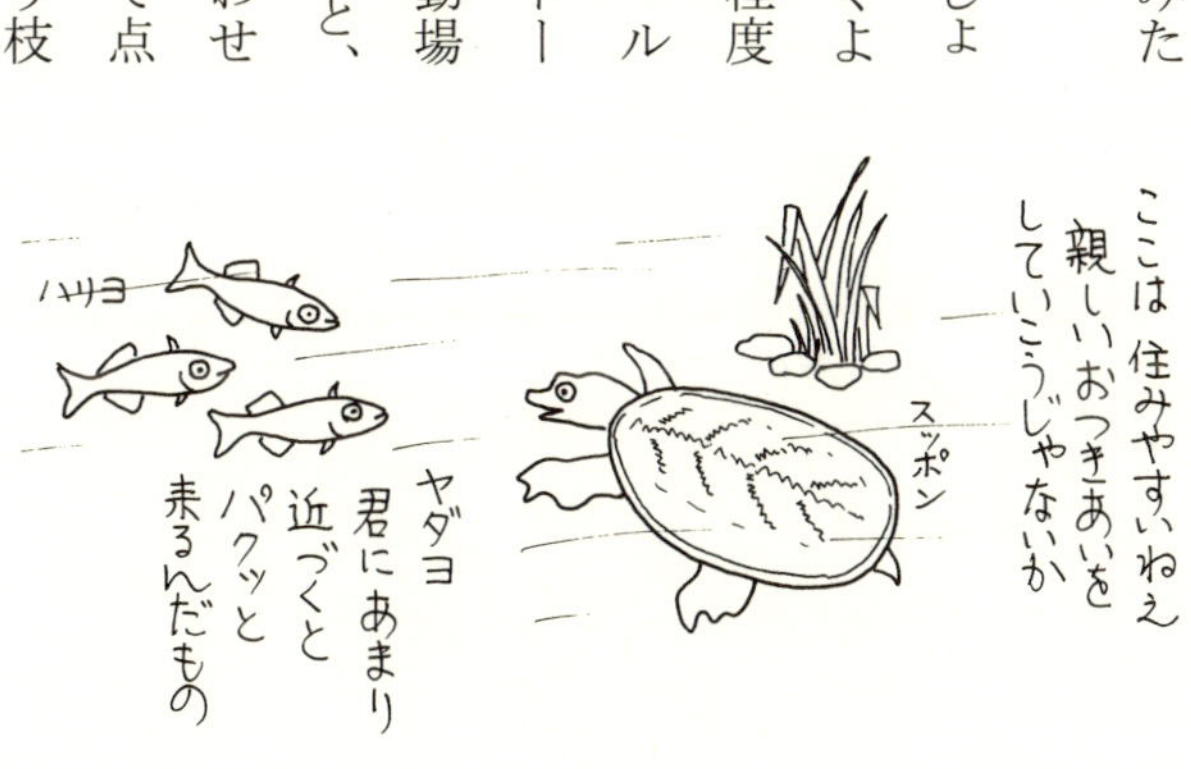
ここは住みやすいねぇ
親しいおつきあいをしていこうじゃないか
スッポン
ヤダヨ
君にあまり近づくとパクッと来るんだもの
ハリヨ

りたところをずっと流れているじゃないですか。小川、せせらぎになって。あれは、下水処理排水だから絶えることなく出ていますね。市内に下水処理場は一二ある、学校は学校でそこら中にある。全部その水路でつなげられないんでしょうか。都市計画として。

鷲尾　グリーンベルト的なもののつながり。そうすると、もう少し大型の虫なり鳥なりの道ができてくると思うんです。そういう意味では、大阪市西淀川区の緑道は、場合によっては高速道路が通ったかもしれない長さと幅の土地を住民運動によって緑地で残したわけですからね。

山田　できたらコンクリートなんか引きはがして元に戻す。それも一つの方法として、空いているところに、とにかく水辺をつくっていく。

また柵で囲まれたため池との関わり方も少し見えてくる部分がある。このままでは、少しまずいということで。まず小さい小川とか、ため池とかを近くにつくることが、関わり方をとり戻す一つのきっかけをつくる意味では大きいのかなと思っています。

本間　まず、家の近所に水辺がないと意味がないんですよ。淀川の河川敷に行ったら水辺がありますけれども、それは年に一回行くか行かないかですよね。自分の近くの、せめて校区の範囲でいつでも行って、いつでも水に触れられるような。そういうのがあれば、そこから水に関心が戻ってきますね。

山田　おっしゃるとおりです。いまうちのマンションの前に幼稚園、小学校、中学校、その裏側に小さい水路があってため池があるんですけれども、そこにヒメホタルが出るんです。それは陸ボタルだけれども、五月の終わりぐらいからものすごい人です。マンション近くのちょっとした谷にホタルがいるというだけで、近所の人がみんな興奮して見にくる。遠くからも見にくる。立て看板ができて、すごいです。自分たちの住んでいる空間にホタルがいるということが、刺激的なんです。京都精華大学近くの長代川《ながしろ》にも、ホタルがかなりいるんですよね。そういう面では、やはり水辺に関わりたいという欲求はあるんです。

本間　でも、普通の暮らしの中でもう水辺を忘れていますね。思い出すこともほとんどない。まず、日常から水辺をとり戻したい。特に都会の中に。その次は何かというと、やはり水の循環に沿った生活、ライフスタイルですか。それをどう営むかということですね。

鷲尾　そういう意味では水が穀物を生み出し、魚を育て、食料になっているわけですけども、やはりそれぞれの風土に合った食べ物があるということだし、それを食べる文化があったわけですからね。いま食料自給率がどんどん減ってきて、海外からのものが平気で消費されているという形が果たして妥当なのかということの問い直しは常にあるわけです。ただなかなかそういう、本来何を食べるべきなのかという問い直しになっていかない。何が便利で、何が安いのか。食べているというか、食べさせられている。自主性のないところがあるんですね、食べ物に関して。そういう枠組みをどう変えるのか、非常に難しい段階にあると思います。だからそういう意味では小さい単位で、身近なところで生産から消費までの流れが見えていくような食べ物。そういう題材を見つけて、これが一つの循環の表れだということを体験していくことは、非常に大事だと思うんです。有機農業に自分たちの排泄物が循環利用できる。あるいは生ごみが循環利用できるというのは、そういうことを知るきっかけとしてはいいんです。けれども全体がそのシステムで動くかというと、そういう時代ではないんですね。そこの難しさがあります。

作りだされている大量消費社会

山田　食べ物と水循環の関係では「地産地消」がある。地元でとったものを地元で消費する。お金に代わり得るものとして、おいしいものを食べる欲求みたいなところとつなげる。本当においしい味を見つけると、人間はなかなか元に戻りにくい。知らないとまずいものに慣れると思う。

本間　まずいものを食べておいしいものを食べたら、そんなに感じないんですよ。だけどおいしいものを食べてその後にまずいものを食べたら、とたんにまずいと感じ

る。私はこのごろよそで御飯を食べたくない。家でおいしい有機米食べてるから。

鷲尾　食べ物の選択をするときに、単にコストだけで人が選んでいるわけではないんですね、値段だけで。それはおいしいというイメージも関わっている。これはどうやって身につけたのかというと、本能的な味覚も確かにあるかもしれませんけれども、どちらかというといろいろな媒体を通じて与えられる宣伝広告。特にテレビメディアなんかに与えられる情報が、非常に大きいのではないか。だからそういう意味で、つくられた消費に踊らされているところが多いのではないか。そういう意味で、つくられた情報なり価値観は大量生産、大量消費をさせないと困るところがあります。大量生産しているところは大量消費してもらいたいから、メディアを通じて情報を流して価値観を生み出しているわけですね。だから、それとは一つの対極にある生産の現場から消費まで流れを追って、循環を破壊されないでやっているところの価値観をどう伝えて、自分たちの周りに広げていくのか。ここの方法がいま問われているんだと思うんです。

山田　食べ物としては「おいしい」とか、「つくって楽しい」とか。それからお金でいうと、無駄づかいがなくなって「節約できるよ」とか。そういうことと水循環がつながっているみたいな回路が、具体的に迫力を持って提案できるような話に、これまではなっていなかった。

都市の未来像というときに、楽しいヴィジョンが描けなかったら説得力は出てこないと思う。たとえば循環社会とか循環都市というものができたらおもしろいんですよ、という。いままではあまり関わらずにきたのが、循環をとり戻すとかつくっていくというのは、人が関わっていくわけです。その主体性が出てこないと流れが悪い、循環を維持できない。自然循環に戻してうまくやるというのは、それはまた一つのつきあい方なんです。ビオトープでも一個、一個を点でつくるよりも、できるだけそれを面にして、組み合わせた方がよい。そうしたら自然の循環の中に組み込まれていくので、それ自身も安定的に認知されるというのがある。

鷲尾　その辺で価値観自体をちょっと方向転換していくということがあるわけですけれども、いまの時代の象徴というのは先ほど出ましたように大量生産、大量消費、大量廃棄の流れにあるわけなので。先ほど加藤さんから節水を呼びかけてというのがありましたが、三〇〇リットルを一五〇リットルにということを訴えていく必要があるんですけれども、どういうふうに訴えるか。無駄づかいしているから、我慢しなさい。使い方を絞りなさいということを訴えて、良心に訴えかけて、倫理的な反応でそれが導き出せるかというと、なかなかそれは難しい。我慢するというのは、人間なかなかできないんですね。そのときに、実は消費を進めるために植えつけられていた物の考え方は、コップ一杯の油を流したら魚が住めるようにするためには、風呂桶何百杯もの水が要りますよ、という考え方です。これが繰り返し繰り返し、情報として与えられてきたから、自分たちが暮らすためには汚れが出るのは仕方がない、ということになる。それを薄めるために大量の水を流さなければいけないんだというイメージがあるから、何でもかんでもじゃーじゃー流してきれいにしようとするんです。

それではその油とか汚れを、バケツ一杯の土があったら浄化してくれますよとわかれば、水を浪費させられていた自分が見えるわけでしょう。そうしたら、次のステップが見えてこないでしょうか。消費はつくられていたんだということを、もう一遍観察し直すということは必要ないのでしょうか。

本間 もっと大きいところで水の浪費はつくられていると思う。たとえば大阪です。福岡市では一人一日二九〇リットルで大阪市が四八〇リットル。大阪は琵琶湖という豊かな水源を持っているからすごく浪費をする暮らしにも慣れているというのが一つあります。けれどももう一つは、何が何でも水を売らなければならないという行政側の事情もある。琵琶総のお金も払わなければならないし、高度処理のお金も施設費もとらなければならないと。そのために使わせなければならない。浄水場が元で制御弁を少し緩めたら、水圧がかかって、全戸で蛇口の出が増える。直結型で直接水圧をかけて、水道管から五階まで、直接水が送れるようにしましたと。そういうと便利だなと五階の人は喜んでいるかもしれないけれども、一〜四階の人はいままでと同じよう

にひねっただけでもっと余計な水が流れるでしょう。何百軒、何千軒でそれをやられたら、水の使用量というのはめちゃくちゃ上がるじゃないですか。

鷲尾　マヨネーズの注ぎ口みたいなものですね。

本間　そうです。だから、そういう大阪人の水浪費は水行政の陰謀によるのかもしれない。(笑) それをやめさせるというのは、やはり無駄な開発をやめるしかないわけですね。それに加えて、だから大きいところを変えてもらわないことには、末端の小さな家庭の一人一人の考え方はもう押しつぶされてしまうんです。そこも健全な市民の手を一つ入れないといけない。もう一つは鷲尾さんが言われたようなこと、「油一杯を何十杯もの水で薄めなければならないから水が要るといったら、ああ、もったいないと思って節水するだろう」といったら反発してやろうと思って聞いていたんです。

鷲尾　反対でしょう。

本間　反対です。私は、何も苦労しなくても大阪だって四〇〇リットルから三〇〇リットルに減らせると思います。だって水洗トイレひとつとってみても、以前は八リットル流れて、いま一一リットル流れている。一三リットルタイプも出ているんですからね。ああいうのは、陰謀です。

鷲尾　そうか。単に押し流すだけではなくて、吸い込み型も。吸い込みがついていると、あっという間にきれいになるけれども、水量は多いですね。

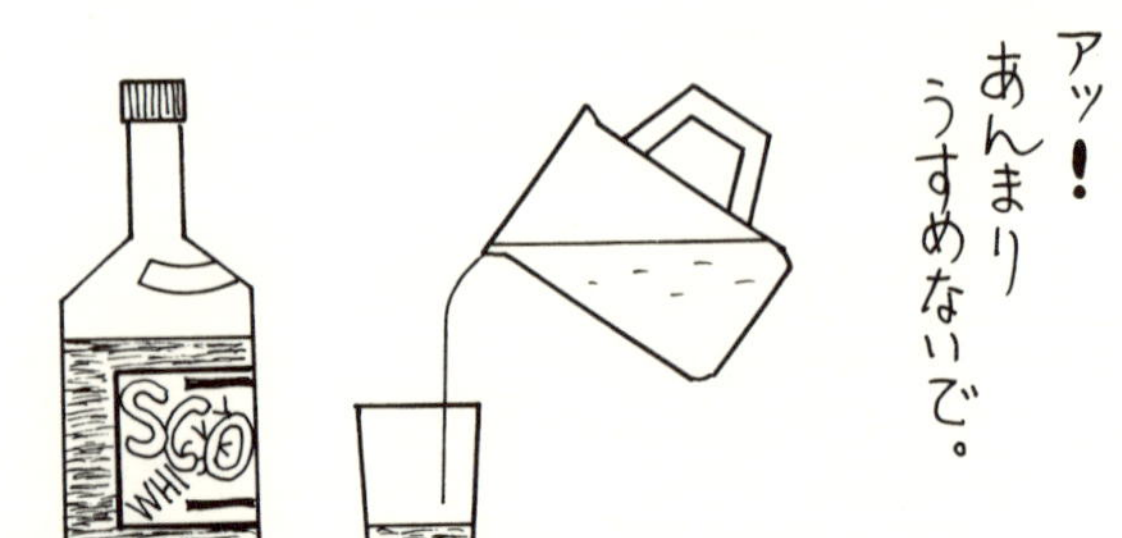

本間　そのジェット式は一三リットルなんです。それから、たとえば洗濯機によっても、使用する水量が倍近く違うんですね。差があるんです。

鷲尾　一層式もドラムのところだけしか見ていないけれども、水はそのドラムの外まで入るんですものね。だからその分がイメージ外ですよ。余分に水を使います、あれ。

本間　だから洗濯機も、選んで買うとかなり節水や節電ができます。家電製品は省エネ化が進んでいますからね。節水型の洗濯機が、これからもどんどん開発されていくでしょう。そうすると全体に水使用量は減っていくだろうし、個人個人の努力というより、社会の仕組みそのものが節水型に変わる。町もそうだし家もそうだし、使う器具もそうだし。一人一人は、必要な分しかあまり使っていないと。

鷲尾　ただその必要性も、つくられるんですよ。服というのはいつ洗いますか。汚れたら洗うでしょう。いまは着たら洗うんですから。だからそれだけで、三倍ぐらい洗濯物の量がふえているんです。だからそれは、清潔だ、えりに色がついているというので嫌われたら困るというような、いき過ぎた清潔観ですね。

本間　毎日洗いますね、そういえば。昔は、下着は二日に一回替えたけれども。

鷲尾　まだ裏返して着る。そこまではいいませんけれども。(笑)

本間　今、夏はどうかしたら一日二枚ですね。

加藤　銭湯に行っている時代は、週に二回ぐらいでしたね。毎日、お金を持ってい

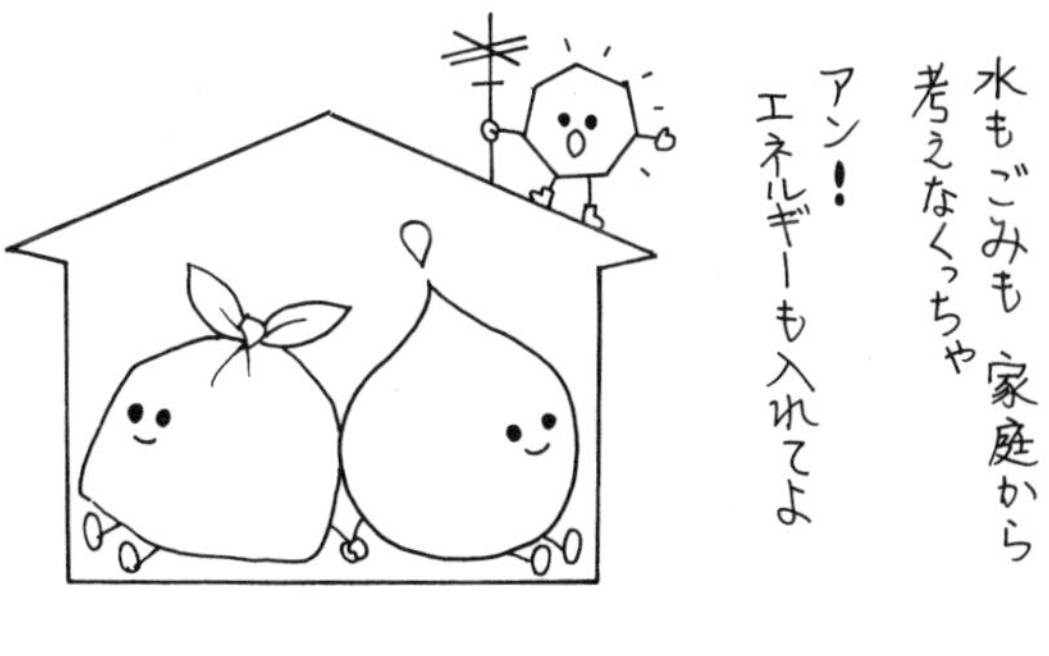
水もごみも 家庭から
考えなくっちゃ
アン！
エネルギーも入れてよ

かなければいけないから、はっきりしますよね。今なら家族で行ったら、一回二〇〇〇円ぐらいかかるものね。目に見えてお金が要る場面では、やはり倹約志向がはっきりする。

鷲尾　掛売りのところは、気がつかないまま回っていくんですよ。

加藤　水道料金は後払いだから。

鷲尾　下水道料金なんて、その陰に隠れていますからね。

「水の循環」の回復をめざして

山田　「水の循環」という基本的な考え方から、節水のところへ来ました。都市の中で水辺をどうつくるという話がありました。僕は具体的な水の循環にかなった家庭生活とか、あるいは都市とか、そういうものをモデル的にはつくっていきたいなと思っています。実際上それが家庭生活だと半分程度の水使用量で十分やっていけるのだろうと思うし、ごみも半分ぐらいでいいのだろうと思います。水がうまく循環できれば、ごみも水も同じようなものです。

加藤　ニューヨーク市が一九九〇年代の初めに、近い将来水不足が来るということでいろいろ対策を考えたようですが、いちばんはじめに考えたのは、取水を増やすためのポンプ場の増設、これは一〇億ドルぐらいかかると見込まれたらしいですけれども。ほかの方法はないかというので考えたのが、いまトイレの話が出ていたけれども、節水型トイレなんです。ニューヨーク市というのは古い町なので、水洗トイレが結構古くて、一回流すと二〇リットルぐらい流れるタイプのシェアが大きかったらしいです。これを六リットル型に変えようというので、九二年に法律で基準を変更し、九四年から三億ドルの予算をつけて無償で交換です。結局一三三万個入れ換えたらしいです。古いトイレをどう処分したかは、ちょっと知りませんが。これで日量なんと三〇万トンの節水になったと。コストは三分の一で、同じ効果を発揮したということです。これをすればいくらかかります、こういう方法で同じ効果にはこれがいくらかかりますという情報がどれだけみんなに共有されているかによって、判断が変わってくると思います。一人の人しか知らなかったら、ポンプ業者と密着していたりして、一〇億ドルを選んでいるかもしれませんね。

行政情報の保管の方法と公開の方法を変えていくということが、回り道のように見えて、案外、行政が正しい選択をするための近道になるのではないかなという気がします。いま情報公開法ができたし、それを活用していろいろなことがやられ始めているけれども、請求したから出てくるというようなものでは困るわけですね。

たとえば先ほどいわれたビオトープですが、省庁や公団はホームページで情報を出していますね。でもそれは彼らが出したい情報だけなんですね。それ以外の情報に自由

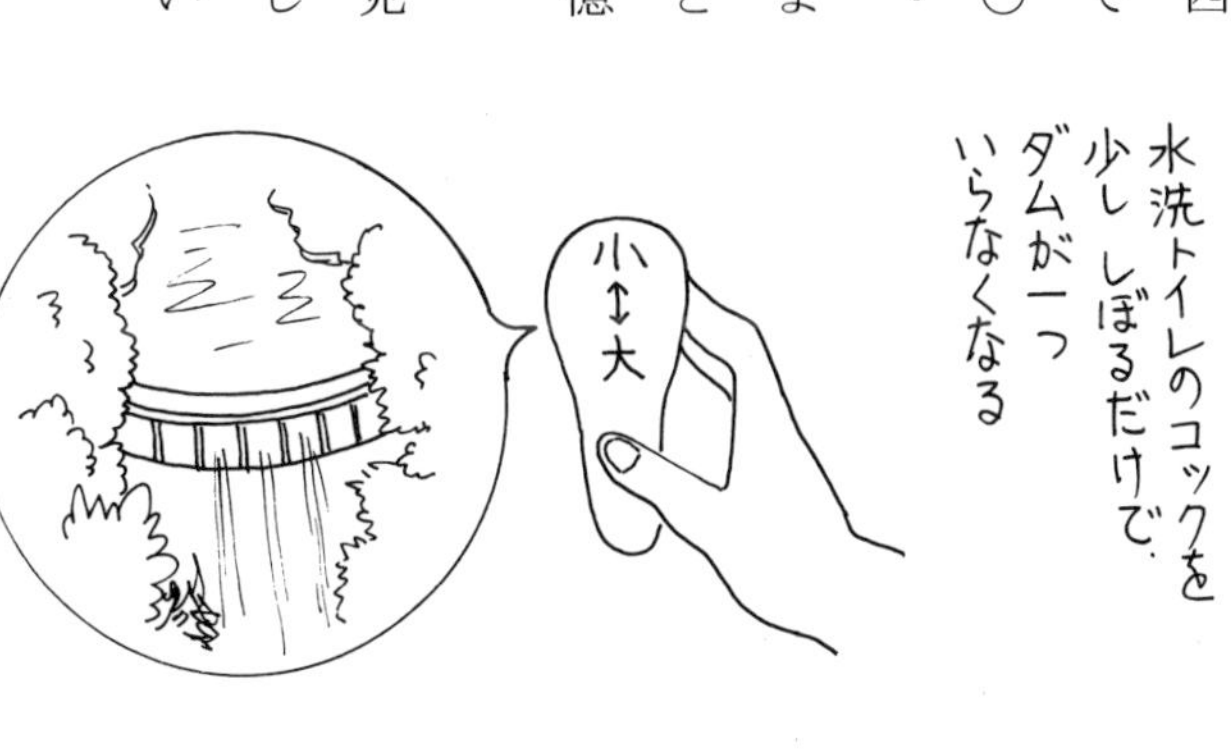
水洗トイレのコックを
少し しぼるだけで、
ダムが一つ
いらなくなる
小↕大

にアクセスできるようになっておれば、効果が大きいと思います。

本間　きょうは、水質の問題が出てこなかったと思うんです。水が物質を溶かして運ぶというのは、水のすごくすばらしい性質なんだけれども。それが逆に悪いものが混じった場合に運搬して分散して広めて、とり返しのつかないようなことをしてしまう。化学物質の氾濫する社会になって、発がん性物質や環境ホルモンなどの毒性がだんだん明らかになってきました。水の循環の中に自然界で浄化しにくい種類の汚れが入ったときどうなるか、対策はあるのか、非常にこわい問題です。

山田　結局いまの水辺をとり戻すということと同じような議論になるんです。汚れがどういうものかを、だれが関わって、どういうふうに汚れを出したかという、そういうものがわかるような関係をつくらないと、維持管理のところで行き詰まる。生ごみをたい肥にして食品をつくっても、みんな安心して食べられるかどうかというのは、どういう生ごみであったかということがわかっていないと、不安で食べられない。たい肥のリサイクルはそこが難しいところなんですね。

下水道もそうですね。下水を仮にきれいにしてそこで子供が遊ぶということでも、そこに何が入っているかということをわかっていないと不安がある。わかったらわかったつきあい方が、これは鷲尾さん流で、多重なつきあい方があるんです。水の循環で浄化できないような汚れはつくってはいけないというのがあるんだけれども、もう一つは中身がわかっていて、そのわかったつきあい方をするのが、一つの着地かなという感じがします。

本間　それは先ほど鷲尾さんがいわれたことに結びつくのでしょうね。大量生産、大量消費、大量廃棄の中で、化学物質汚染のような始末におえない汚れは大量に出てきたと思うんです。一方、地域の小さい循環、たとえば水の循環とか、食べ物をつくる循環とか、身近なモノの再使用や再生の循環の中で暮らしているときには、あまりそういうものが出てこないのではないかと思います。やはり小さな循環をつないでいって大きな循環にするような社会の仕組みそのものが、水質にも関わってくるのではないかと思います。

山田　量の問題も水質の問題も、その仕組みは同じだと思います。

鷲尾　具体的に明石という現場で、漁業者側から上流から流されてくる水に対してどう対処するかということでいろいろ試みているんですけども。たとえば下水処理水そのものを海に流されては困る場面が出てくる。そういうときに、たとえば海水といち早く混合させるにはどうしたらいいか。これが一番単純な、対症療法です。その次に考えることはそれこそ中水道というような利用で、繰り返し使ってもらって。その地域の持っている雨水なんかの自然の水と一緒になって川を下ってくるという形にできないか。もう一つは、処理水をそういう一般水域に排出する前にため池に入れても

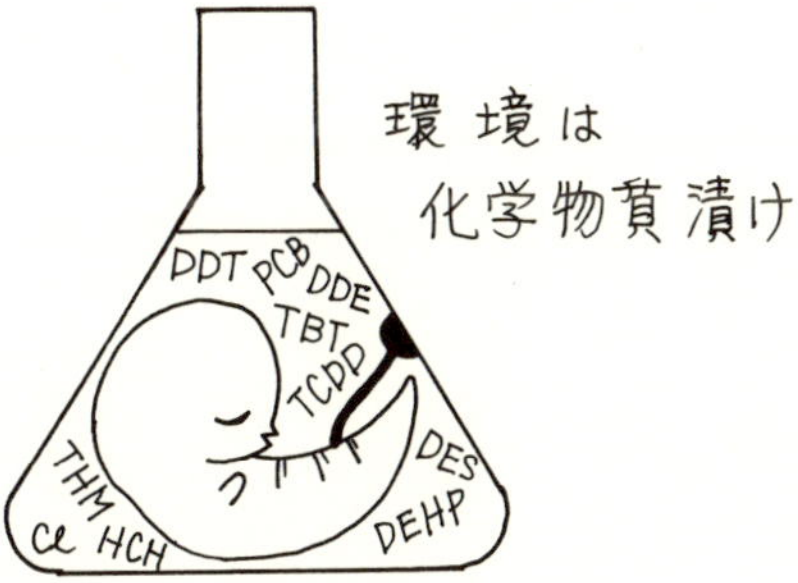

らう。そのため池の生物をモニターしていることによって、水質変動等のものを見られるようにする。それを経由して流してもらう。そういうことをいくつか条件にして、下水道整備等はやってもらっております。

そういうアイディアなり工夫を進めるときに下水道法ではどうのこうの、通達ではどうのこうのという形で、そんなことはできないという話がまず来るんですね。その辺の工夫の余地をいろいろやっていかないと、新しい方策は見えてこないんです。けれども行政側の担当者、水を出す側の担当者自身が非常に固定化した考え方で事業を進めておられる。それを柔らかく、現場に合うような形にアレンジするなり工夫するなりするにはどういう仕掛けづくり、仕掛け方があるのか。そういうことを一般化できないかなと考えています。仕掛け方に、いま非常に興味があります。

私ども漁業の現場でいったら、漁業に影響を与えたら補償がかかるぞ、と。そういう脅しを元にしててこ入れをしてもらっています。けれども一般の自然環境のところで、そういう脅しになるもののないところでは、市民の英知というだけではなかなか進めてもらえないことが多いと思うんです。ですからそういう意味で、河川法にしてもいくつかそういう環境との接点の法令が変わってきてはいるんですし、そこに住民参加というものがよく謳われていますね。ただ住民参加自体書いてはあってもその実態、そしていまいったように新しいアイディアを事業化していくときの方法、そのあたりはまだまだできていないところも多いのではないかと思います。そういうところの、社会のシステムというんでしょうか、そういうものも、技術面での対策と合わせて成長していく必要があるのではないかと思います。

税金を払う権利

山田　行政側から住民参加とかパートナーシップとかいうのがいっぱい出てきて、それはどうも労働力を安く使われるというか、ボランティア的なことを行政側は考えているらしい。実際上変えていくためには、アイディアも出し口も出し、場合によっては金も出しということが必要です。そういう関わり方の主体性がないと、労働力だけ体よく使われてという話ではそれ自体発展しない。

本間　漁協は漁業権を持っていますが、住民は住民の権利というものがないですものね。

山田　ないですね。だからそこをどう変えるかということです。

加藤　そうじゃないでしょう、住民は「税金を払う権利」を持っているじゃないですか。

鷲尾　払う権利？

加藤　権利だと思っていたら、使い方が変わってくる。義務だと思うから、何とかごまかそうとするけれども。さっき、今日の結論と言ってしまいましたが、もう一つ、住民には税金を払う権利がある、これも、今日の結論です。支配される者としての年貢ではなくて、参加する者としての権利金ですね。義務だと思うのと権利だと思うのと、全然違うんです。

山田 違う。それは革命的な発想の転換だ。

本間 税金は権利ではなくて、義務だと思っていたけどな。権利だったら、もっといばって払っていいね。

鷲尾 権利を獲得するには相応の負担ということですか。

本間 住民は「税金を使う権利」があります。

加藤 だから自分のところだと上手いことしようと思って、それが政治と思われてきた。でも、公正・公平の実現をめざすのが政治だと思うんです。

山田 今日は水問題について、水の循環が断ち切られている今日、水とのつきあいをどうしたら取り戻せるか、そのために、われわれの身近なくらしをどう変えてゆくべきか、ということを議論してまいりました。

話はおもしろい方向になってきましたが、税制の座談会になりそうなので、このへんで終りたいと思います。ありがとうございました。

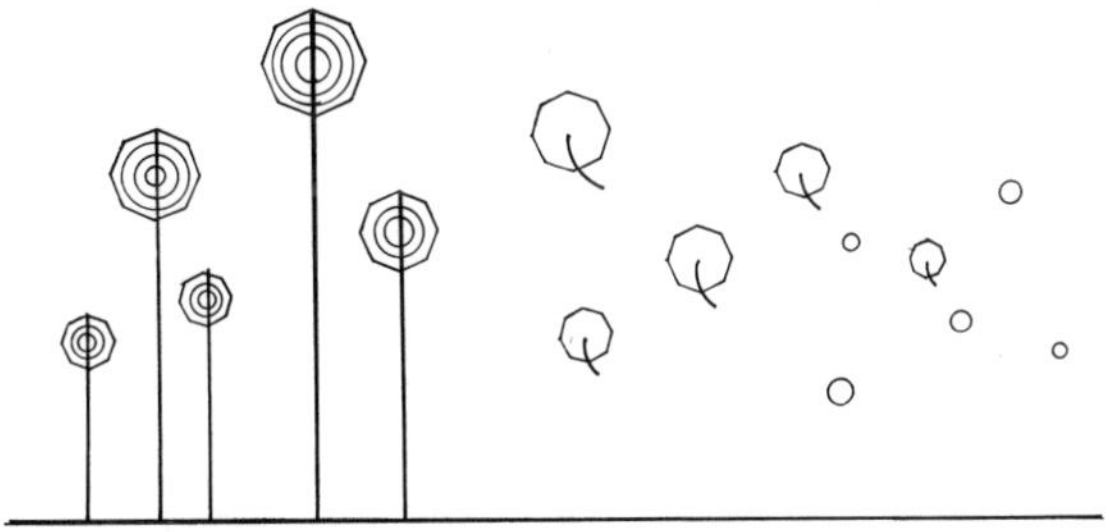

ある物質がもとあった位置や状態から変化して、もう一度もとの位置や状態に戻ってくることを「物質循環」という。物質にエネルギーが投入されると循環が起こる。地球では、あらゆる物質が循環しているが、そのエネルギー源は太陽光と重力とマグマの熱である。物質循環のうち、地球の生命にとって最も重要なものは水の循環である。水の循環は汚れを浄化し、資源に替えてくれる。

また、日本では、蛇口を開けさえすれば水はいつでもすきなだけ使うことができる。そのため、水を「ありふれた普通の物質」と考えている人が多いかもしれない。しかし水には七つの不思議な性質があり、化学的、物理的に見ると特異な物質であることを紹介する。

地球、日本、東京、森林、人体という入れ物（領域）の中で、水の循環を定量化し循環図で説明する。特異な性質を有する水が、地球から人体そして細胞の隅々まで循環しているからこそ、地球にだけ生命が存在するし、人間や細胞は健康に生きていくことができる。

最後に、「水循環の基本原理」をまとめて説明している。

すべての物質は循環している

太陽から放射されたエネルギーの一部（四七パーセント）は地球の大気、陸地、海で吸収される。その吸収量は赤道に近い低緯度地域で多く、極地に近い高緯度の地域で少ないため、低緯度から高緯度に向けてエネルギーの流れが生じる。このエネルギーの流れによって大気にさまざまな循環が生じるが、これが気象現象のおこる原因なのだ。

赤道付近で温められた空気は上昇して緯度三〇度付近で下降し高圧帯をつくる。下降した流れは地表の転向力の影響を受けて北半球では右向きに、南半球では左向きに変えられていく。この循環風を貿易風と呼ぶ。中緯度の大気循環としては西向きに吹く偏西風がある。高緯度では高圧帯から低圧帯へ流れる極偏東風という極循環があり、小規模の循環としては海岸近くに生じる海陸風がある。

大気の循環は海水を動かし水平方向に循環させるさまざまな海流をつくりだしている。深さ四〇〇〜五〇〇メートルくらいまでの暖かい表層水は上下に循環している。水温や塩分などの違いによって密度の大きな海水は密度の小さな海水の下にもぐりこむ。深海での海水はこうして循環している。

地球内部のエネルギーによって岩石も循環している。例えば、マグマが噴火することによって火山岩が作り出され、火山岩は風化作用によって川から海へと移動して堆

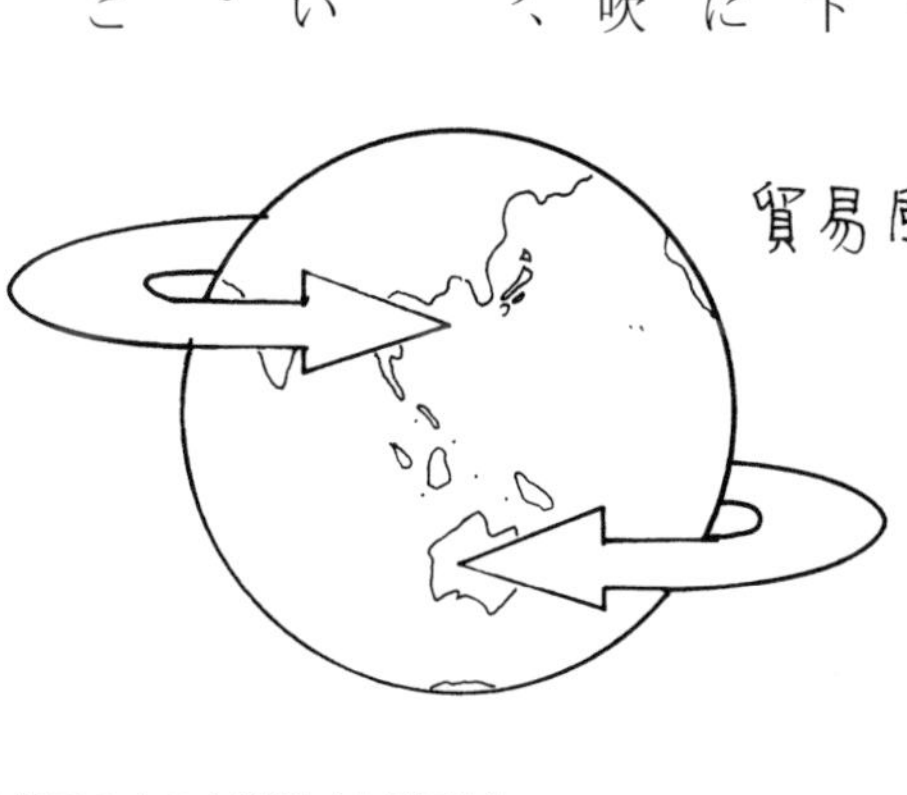

積岩になり、堆積岩は地殻の造山活動によって再びマグマに溶け込んでいく。地球には重力があるため、物質は地球外へ勝手に出ていくことはなく、重力圏内を循環している。その循環のエネルギーは太陽光と地球内のマグマと重力である。

水は循環によって汚れを浄化する

ある物質が、ある経路にそってぐるっと回って戻ってくることを物質循環という。ここで注意すべきことは、熱は温度が高い方から低い方へ一方的に流れるため循環することはなく、循環するのは物質だけであることだ。地球には水の循環、大気の循環、生物の循環があり、二酸化炭素、窒素、リンなどの汚染物質もこの中で循環している。

工場廃水、家庭雑排水、屎尿には窒素、リンなどの汚染物質が入っている。それらの物質は、下水処理場では二次処理までだと半分以下しか除去できないので、下水排水から、川を通じて海へ流れ出してしまう。海にはプランクトンがたくさん生息している。水に溶けた窒素やリンはプランクトンにとって栄養なので、すみやかに吸収して、プランクトンは増殖する。そのプランクトンを小さな魚が食べ、その小魚を大きな魚が食べ、それをだれかが釣り上げ、最終的には人間が食べたとする。最初は工場や屎尿排水に含まれていた窒素やリンという汚染物質は、こうして魚というタンパク源になる。これは、水循環と生物循環の相互作用が汚れを浄化して資源に変えている例である。

石油や石炭を燃やすと、二酸化炭素が出てくる。植物は大気中の二酸化炭素と根から吸い上げた水や窒素、リンなどの栄養と太陽光によって光合成を行い、栄養を作り出して成長し、そのとき酸素を出す。その酸素は人間をふくむ生物にとって一刻も欠かすことのできない生命資源となっている。このように、大気循環と生物循環によって二酸化炭素は浄化され、資源となる。循環は汚れを資源に変えているのだ。

循環によって浄化される汚れは浄化能力の範囲において排出してもよい。しかし現実には、二酸化炭素による地球温暖化や窒素やリンの流入による赤潮の発生などの現象は、これらの物質がすでに浄化能力を超えて排出されていることを示している。

石油や鉱物資源は、使用すれば必ず、いずれは使えない状態になっていく。これらについては使い捨て型の使用を止める必要がある。さらに、放射能や有機塩素化合物（ダイオキシン、ＰＣＢ、フロンガス、ＢＨＣ、ＤＤＴなど）は「循環によって浄化しにくい汚れ」である。

チェルノブイリ原発事故*によって撒き散らされた放射能は、水循環、大気循環によって汚染が広がり、生物循環によって人体に濃縮されている。ＰＣＢやＢＨＣは十数年前に製造禁止になったが、厚生省の調査によるといまだに母乳から出てくる。白アリ駆除用として許可されているディルドリン、アルドリンなどの有害なドリン系農薬が

＊チェルノブイリ原発事故　一九八六年四月二六日、旧ソ連のウクライナ共和国北辺のチェルノブイリ原子力発電所で起きた、原子力発電史上最悪の事故。爆発と続いて起きた火災により、大量の放射能が継続して放出され、ウクライナ共和国、隣接するベラルーシ共和国、ロシア共和国を中心に汚染が広がった。汚染地域には七〇〇万人が住んでいたが、事故後一五年を経過しだ今でも強い残留放射能に汚染されている。多くの住民が汚染された物を食べ生活せざるを得ない状況が続いており、慢性の放射線障害をかかえ苦しんでいる。

瀬戸内海の貝類（イガイなど）から検出される。船体に貝や海草が付着することを防止するため、環境ホルモン作用がある有機スズがいまだに外国船などに使用されているという実態がある。愛媛県川之江のパルプ工場廃水からは猛毒のダイオキシンが検出されたが、これは漂白用に使用される塩素と植物成分が反応したためである。

循環によって浄化しにくいこれらの物質は、陸上で生成されたとしても最終的には海に流れ込んでいく。そして、プランクトン→小さな魚→大きな魚→人間という食物連鎖を通じて生物濃縮をおこし、人体に蓄積され発ガン作用、環境ホルモン作用などを増大させている。水循環、生物循環によって浄化できない汚れは、原則的に作り出してはいけないと考えよう。

水の性質の七不思議

水は地球上のどこにでもあるし、特に水資源に恵まれた日本では「水はありふれた普通の物質」であると思われているところがある。イザヤ・ベンダサンは『日本人とユダヤ人』という著書で「日本人は水と安全はただであると考えている」と述べている。

しかし水には、調べれば調べるほど、普通の物質とかけ離れた「優れた性質」がある。その性質について、私たちは生活の中である程度見ているものが多いが、中にはまだ気づいていない性質もある。それらの水の優れた性質*について説明する。

＊『水とはなにか――ミクロにみたそのふるまい』（上平恒、講談社ブルーバックス、一九七七年）水の特性や、人体と水の関係などがわかりやすく説明されている。

小さな生き物は中くらいのに
中くらいのは
大きいのに・・・

❶表面張力が大きい

私たちは日常生活の中で「水の表面張力が大きいこと」をよく見ている。例えば、小さなガラス板が二枚あるとしてその間に水が入るとガラス同士はくっついてしまってなかなか外れない。ほそい管を水に入れると、水は勝手にある程度の高さまで上昇するという毛細管現象もある。雨水、水道の蛇口で水玉を見ることがあるが、油玉やアルコール玉を見ることはない。

水の表面張力は、七三dyne／cmである。一dyne／cmとは、一グラムの液体を一センチメートル引き離すのに必要な力である。いくつかの液体の表面張力を**表2−1**に紹介する。

この**表2−1**を見ると、水より大きな表面張力を持っている液体は、水銀だけである。このような水の性質は、毛管による水の移動を容易にし、動物の血管中を血液が移動することや、高い木の頂まで毛管を通じて栄養を送り届けることに役立っている。

❷溶解能が大きい

「水は岩をも溶かす」という諺があるが、水は多くの物質を溶かす、優れた能力をもっている。無機化合物のうち、水に溶ける物質は八九種類確認されているが、アルコールでは四〇種類、エーテルでは二〇種類であり、水の溶解能が際立っている。栄養は水に溶けた状態で、はじめて動植物の各細胞が吸収できる。動物では、血液、体液として生態物質や栄養分を水が運搬して細胞に送り届け、老廃物を水に溶かして腎

表2−1　さまざまな液体の表面張力(dyne/cm)

水	73
エチルアルコール	22.3
エチルエーテル	17.6
オリーブ油	32
酢酸	27.7
水銀	475

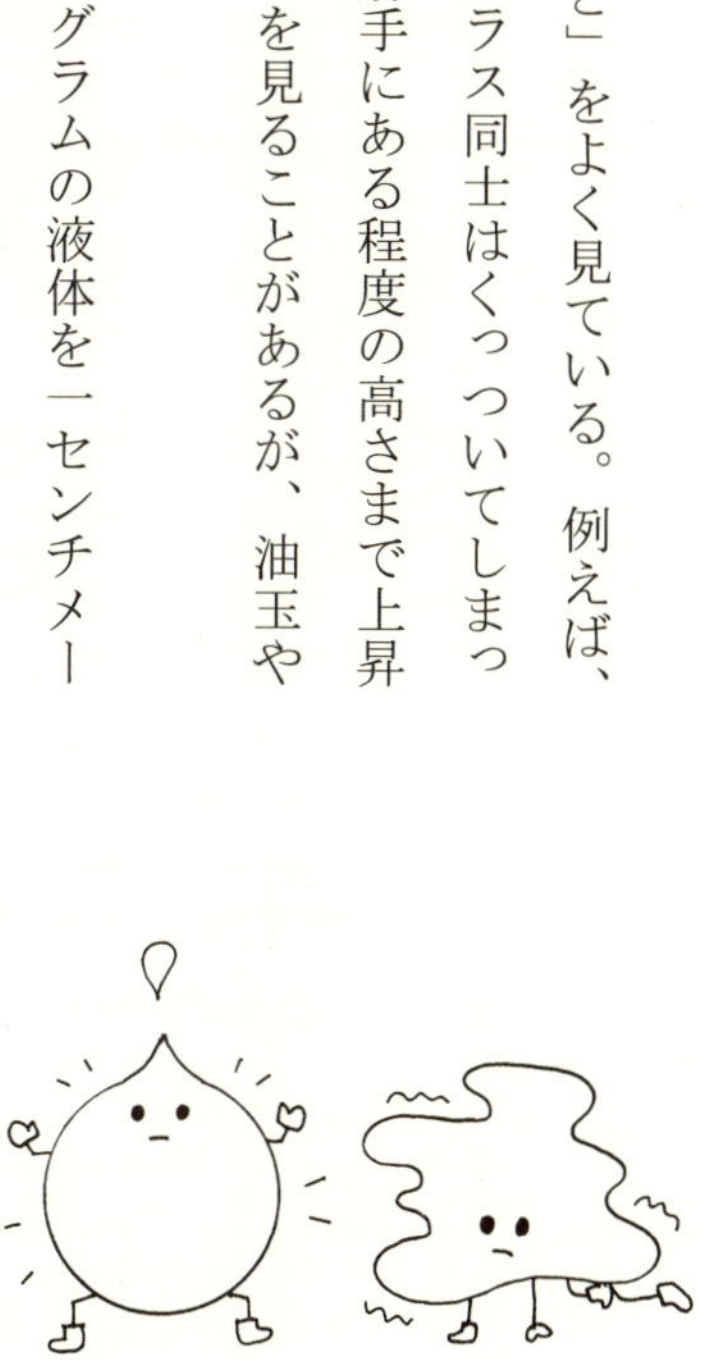

臓で濾過し、循環している。植物では、土壌から根を通じて栄養分を水と共に吸収し、茎や葉へ運び送り届けている。

❸比熱（熱容量）が大きい

ヤカンに入れた水を沸かすと、最初にヤカンが熱くなり、後から水が湯になっていく。水と金属を熱したり冷やしたりして比較するとき経験することであるが、水は「暖まりにくくて冷めにくい」ことがわかる。湯たんぽは、水が冷めにくいことを応用した昔からある暖房器である。液体の比熱は、一グラムの物質を一度上昇させる熱量で測る。代表的な液体の比熱を**表2－2**に示す。

このように、比熱が大きい水で人体が構成されているため、人間は体温を比較的一定に保ち、環境の温度が変化して体温が急激に変化しないという対応能力をもっている。

❹気化熱（蒸発熱）が大きい

暑い夏の日、家の外で打ち水をすると涼しくなる。濡れた髪の毛のまま外へ出ると風邪をひく。私たちがよく知っているこの性質は「水の気化熱が大きい」ことの証拠である。水が一グラム蒸発すると、周りから五四〇カロリーの熱を奪う。

地球が摂氏一五度前後の気温に保たれているのは、地球に水循環があり、廃熱が宇宙へ捨てられているからである。人体の体温が三六度五分程度に保たれているのは、汗が出て体温を調節しているからである。森や林の中は、コンクリート上に比べて、

表2－2　さまざまな液体の比熱（cal/g）

水	1
酢酸	0.468
エチルアルコール	0.535
アセトン	0.506
トルエン	0.386

昼は涼しく夜は暖かい。これらの重要な現象は、水の気化熱が大きいという性質の賜物である。

❺氷が水に浮く

物質には、固体、液体、気体という三つの状態がある。たいていの物質は、この順番に軽くなる。しかし水だけは「固体の氷が液体の水に浮く」という現象を目にできる。これは、水の密度が摂氏四度で最大になる、すなわち〇度の氷の密度は四度の液体の水より軽いという、極めて特殊な性質の結果である。

雪国にある湖の水と魚の関係を考えてみよう。ある日、外気が零下二〇度になったとする。湖の表面の水はすぐに凍りはじめ、外気と氷の下の水を遮断する。そのことによって、湖の水全体が凍ることを防げることになる。もし、氷が水に浮かなければ、湖は完全に凍結してしまい、水の中の魚だけでなくあらゆる生命は死に絶えてしまう。かつて地球には氷河期があった。「氷が水に浮く」という見慣れた現象は、水環境における生命の絶滅を防いでいたことになる。

❻氷の優れた役割

氷は固体状態における分子間力が大きく溶けにくい。そして固体から液体に変えるために必要な熱量である融解熱が八〇cal／gと大きいという特徴がある。このような氷の特徴により、私たちは生活の中で知らず知らずのうちに氷の恩恵を受けている。

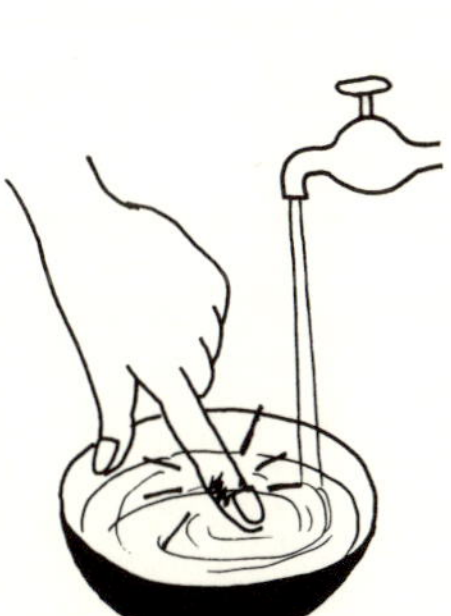

古来より、氷は優れた冷却剤であった。日本などの雪国は、雪の形で水を貯留して、ゆっくりと下流に水質が良好で低温の水を供給している。琵琶湖などでは、比良山の雪解け水が湖底の低酸素化を防いでいるという効果がある。雪が解けるときに放出される融解熱は、気候の緩和に役立っている。池や湖に氷が張ることによって、外気と水環境を隔離して水環境の水温低下を防いでいることについては、❺において説明したとおりである。

❼湿度の優れた性質

大気中の湿度は、適度な温室効果があり、地球や地域の気候緩和に役立っている。大都市におけるヒートアイランド現象*は、都市における蒸発水の減少による湿度の低下が一つの原因になっている。適度な湿度は、皮膚表面から水分が急速に奪われるのを防ぎ肌の環境を調整しているだけでなく、喉の乾きを防ぎ、インフルエンザの広がりを防いでいる。

地球の水循環

水の惑星である地球には一三億八六〇〇万キロ立方メートルという大量の水がある。**図2-1**に地球の水の存在量と移動量の様子*、つまり地球の水循環の様子を示す。水の存在場所のうち、九六・五パーセントは海水、一・七六パーセントは南極や氷河、

***ヒートアイランド現象**
人間活動の活発な都市部で「島状」に気温の高い部分ができる現象。一九世紀から国内外で確認されている。都市部の地表面の熱収支が、道路舗装や建築物などの増加や冷暖房などの人工排熱の増加により変化し、都心部の気温が郊外に比べて高くなる。緑地や水面が減り、コンクリートやアスファルトが増えると地表面が高温になり、気温が上昇する。気温が上がると、冷房などの需要が増し、その排熱が気温を一層上昇させる。こうした悪循環がヒートアイランドをさらに深刻化させている。

*『水資源白書、日本の水資源（平成一二年版）』（国土庁長官官房水資源部編）世界の水資源、日本の水資源に関するデータが豊富に掲載されている。ただし、水不足をダムによって解決するという考え方が強く出ている。『〈岩波講座〉地球環境学――水・物質循環系の変化』（和田英太郎・安成哲三編、岩波書店、一九九九年）地球と日本における各地域の水循環、炭素循環などの理論と調査データが豊富に紹介され、私の提唱している循環原理の元データが多くある。

図２−１　地球の水循環（兆トン／年）

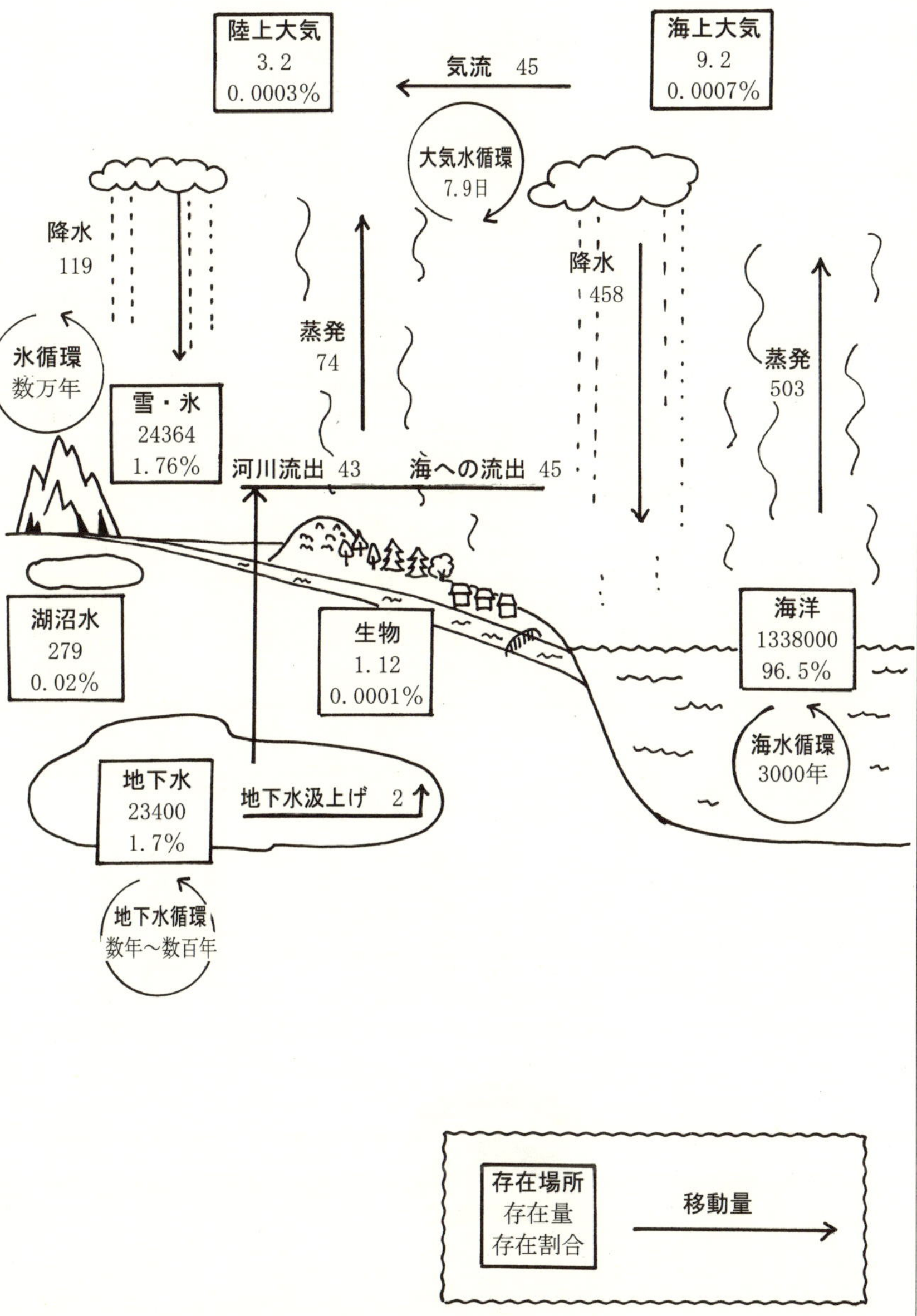
陸上大気
3.2
0.0003%
気流　45
海上大気
9.2
0.0007%
大気水循環
7.9日
降水
119
蒸発
74
降水
458
蒸発
503
氷循環
数万年
雪・氷
24364
1.76%
河川流出　43
海への流出　45
湖沼水
279
0.02%
生物
1.12
0.0001%
海洋
1338000
96.5%
海水循環
3000年
地下水
23400
1.7%
地下水汲上げ　2
地下水循環
数年〜数百年
存在場所
存在量
存在割合
移動量

一・七パーセントが地下水である。残りの〇・〇四パーセントの中に、私たちの生活に密接な河川水、湖沼の水、生物中の水、雨や雲が入っている。

私たちが日常的に利用可能な水量はどれくらいあるのか。太陽エネルギーの入射によって暖められ海上で蒸発した水は、海にも雨として降雨するが、一部は気流に乗って陸地に移動し、陸地で蒸発した水とともに陸地へ雨として降りそそぎ、循環する。

図2－1によると、海上と陸地の年間降雨量を合計すると五七七兆トンとなる。これを一日あたりに換算すると一・五八兆トンになる。上空には海上、陸上合わせて一二・四兆トンの水があるが、この水は降雨によって七・九日でなくなってしまい、蒸発によってその分が補給されるという循環を繰り返している。この短期の自然水循環の間で、人間や生物にとって大切な以下のようなことが起っており、これこそ私たちが生活に利用できる水の特質なのだ。

①水が蒸発するとき、地球上の気温を調整して摂氏一五度という適温にしている。
②海水や汚れた水は、人間に利用可能な淡水に浄化される。
③低いところにあった水が、高いところに引き上げられ、位置のエネルギーを与えられる。
④河川を通じて常に流れる水を供給し、その水は農業用水、工業用水、生活用水、地下水、涵養水という水資源になる。

結局のところ、私たちが日常的に利用可能な水は、大気中の水循環によって作り出された河川水四三兆トン／年と簡単に汲み上げ可能な地下水二兆トン／年の合計四五兆トン／年である。ところで、利用可能な水資源には地域的な偏在、時間的な偏在があるためこの水が全て利用できるわけではない。

地球上を緯度別に見ると、降雨量が最も多いのは赤道付近で、年間二〇〇〇ミリ近い。二番目に多いのは四〇度〜五〇度の地帯で、平均では一〇〇〇ミリ近い雨量がある。それに対して、二〇度〜三〇度にある「亜熱帯高圧帯」では、一〇〇ミリ〜二〇〇ミリと少ない雨量地帯が集中している。アフリカのサハラ砂漠、アラビアからイラン、アフガニスタンにかけての砂漠地帯、南アフリカのカラハリ砂漠、オーストラリアの砂漠地帯、メキシコの砂漠は全てこの緯度帯に位置する。「亜熱帯高圧帯」ではハドレー循環*によって、高温で乾燥した空気が下降し、いつも天気がよく、降雨量が少なく乾燥地が多い。しかし砂漠化の原因は、地球の水循環の地域変動に加えて、森林伐採などの人為的要因も加わっていることに注意する必要がある。

このような雨量の地域変動は、利用可能な水量の地域格差をもたらしている。例えば、アマゾン川は世界の河川流量の一六パーセントを占めている。一方で世界の陸地の四〇パーセントを占める乾燥地、準乾燥地には二パーセントの水しかない。また、時期的にも集中豪雨の時期には水が海へ流れ去るだけで利用できない。

＊ハドレー循環
赤道付近では、水蒸気を大量に含んだ空気が上昇し、雲をつくり雨を降らせる。そのとき、蒸発をするときに周りから奪った蒸発潜熱（気化熱）を放出するためますます上昇し一六キロメートルにまで達する積乱雲となり、その後は水分を失い乾燥する。成層圏に達した乾燥・高温の空気は圏界面に沿って南半球と北半球に別れて移動しそれぞれの亜熱帯高圧帯に下降する。下降する大気は凝縮するのでますます高温になり地上に到達する。これをハドレー循環と呼ぶ。この循環のため、南北半球の亜熱帯高圧帯は乾燥地帯となっている。

＊『水の気象学』（武田喬男・上田豊・安田延壽・藤吉康志著、東京大学出版会、一九九二年）
地球の水循環、蒸発量、降雨量、森林や水面の蒸発量など、気象学に基づく基本理論やデータが詳しい。

このため、国連の資料（Assessment of Water Resources and Water Availability in the World：WMO発行）によると**表2－3**に示すように、一九九五年において世界の水利用実績は利用可能水量の約八パーセントの三・六兆トン／年であり、利用内容は農業用水七〇パーセント、工業用水二〇パーセント、生活用水一〇パーセントとなっている。

同資料では、人口増加、発展途上国の工業化、生活様式の変化などにより、一九九五年に三・六兆トン／年であった水需要は、二〇二五年には一・四倍の四・九兆トン／年に増えると予測している。その結果、一九九五年では世界の水不足人口が三分の一であったものが、二〇二五年には三分の二になるとしている。

地球温暖化による気候変動の影響も考慮しなければならない。気候変動に関する政府間パネル（ＩＰＣＣ Intergovernmental Panel on Climinate Change）の第二作業部会第二次報告書によると、二〇二五年に気候変動が生じた場合、変化がなかった場合に比べて、乾燥地や準乾燥地の乾燥化が加速され、水不足の人口が大幅に増加すると予測している。

存在量の大きな深層海洋水、氷河の水、地下水も循環しているのであるが、その循環周期は人間の寿命に比べても長すぎるため、自然循環の範囲では利用できない。ただし、人為的なエネルギーを投入して、深層水を汲み上げたり、海水を淡水化したり、氷河を溶かしたり、地下水を汲み上げたりすれば利用可能であるが、エネルギー使用に伴う資源浪費、二酸化炭素増加による地球温暖化の加速という問題が発生し、結果

表2－3　地球の水利用（兆トン／年）

地球の利用可能な水量		地球の水利用実績		地球の水利用率
河川水	43	農業用水	2.5　（70％）	3.569／45＝0.079（7.9％）
地下水	2	工業用水	0.715（20％）	
		生活用水	0.354（10％）	
合計	45	合計	3.569	

的には乾燥地の水不足をより激化させることになる。

水不足を解決する方法は、人口の抑制、一人あたりの水需要の節約を行いながらも、基本的にはそれぞれの地域において水の循環を回復させるしかない。

日本の水循環

季節的に見て、日本で大きな雨量をもたらすのは、冬期の積雪、六月～七月の梅雨、そして夏から秋にかけての台風である。日本の年間雨量は一六〇〇ミリから一七〇〇ミリで、世界でも雨の多い国に入る。それは日本の地理的立地条件に起因している。日本は太平洋高気圧の西側に位置するため、南西部は世界的に乾燥地の多い「亜熱帯高圧帯」に属しながらも、台風などの接近により雨が多い。

さらに、中国大陸の東側に位置し途中に暖かい海流が流れる日本海があるため、冬期には水分を多く含んだ低気圧が日本海側に大雪をもたらす。そして、最近になってわかってきたことであるが、梅雨どきに日本で降る豪雨は、中国の長江下流域で発生した積乱雲が発生源である。このように、日本の雨量の多くは、日本地域以外から気流の移動と共に日本上空に持ち込まれたものであることがわかる。大気水収支法*により日本の水循環量を求める。その循環量は、**図2－2**に示すように年間四二〇〇億トンにもなるが、この水量こそが利用可能水のベースとなる。それに対して、日本の陸

***大気水収支法**

大気水収支法は、**図2－2**に示すように、日本の上空の大気に含まれる水蒸気も対象に水循環領域における水収支を考える方法である。一〇年位の時間幅でみると、日本の年間降雨量と年間蒸発量は平均的にみてほとんど変化していない。この降雨量と蒸発量の差が、日本の河川水量となり結果として海へ流れ出る流出量となる。ところで、降雨量と蒸発量の差は何によって決まるのかというと、水循環領域外部から流入する水蒸気量と、内部から領域外へ出て行く水蒸気量の差である。**図2－2**では、その差を「気流移動量四二〇〇」で表現している。大気水収支法については『水と森』（太田猛彦、服部重昭監修／財団法人水利科学研究所編／日本林業調査会発行）に紹介されている。

地から蒸発する水分は二三〇〇億トンである。この量は都市開発、森林開発などで少しずつ低下してきており、日本の雨量低下の原因になっていると考えられる。

日本の水利用量実績は、**表2－4**に示すように一九九七年において八九二億トンであり、利用率は二一・二パーセントである。利用内訳は、農業用水が六六パーセント、工業用水が一五・五パーセント、生活用水が一八・五パーセントである。

農業用水は水田、畑、果樹栽培などの灌漑用水と、農畜産用水として利用されている。工業用水は、原料水、洗浄水、処理水、ボイラー用水などであるが、産業的には化学、鉄鋼、パルプで七〇パーセント以上になる。生活用水の中で、家庭用水に使用されるのは六四パーセント程度で、一人一日あたりの使用量は二一〇リットル程度である。その内訳は、東京都の水道局のデータによると風呂二四パーセント、洗濯二四パーセント、炊事二三パーセント、トイレ二一パーセント、洗面その他が八パーセントとなっている。生活用水の中で都市活動用水に使用されるのは一人一日あたり一二〇リットルであり、それらは飲食店やホテルなどの営業用、事務所用水、公衆トイレなどで使用されている。

日本における水利用可能量は冬期の雪、梅雨、台風という季節変動をともなっているため、地域的に見て関東、福岡、四国の瀬戸内海側では水不足が構造化している。この構造的水不足の解決策として、代表的手法としてはダム建設がなされてきたが、

表2－4　日本の水利用（億トン／年）

日本の利用可能な水量（降雨から蒸発分を引いた水量）	日本の水利用実績		日本の水利用率
6500-2300＝4200	農業用水	589（河川水550，地下水39）	892/4200＝0.212（21.2%）
	工業用水	138（河川水 95，地下水43）	
	生活用水	165（河川水127，地下水38）	
	合計	892（河川水772，地下水120）	

図２－２　日本の水循環（億トン／年）

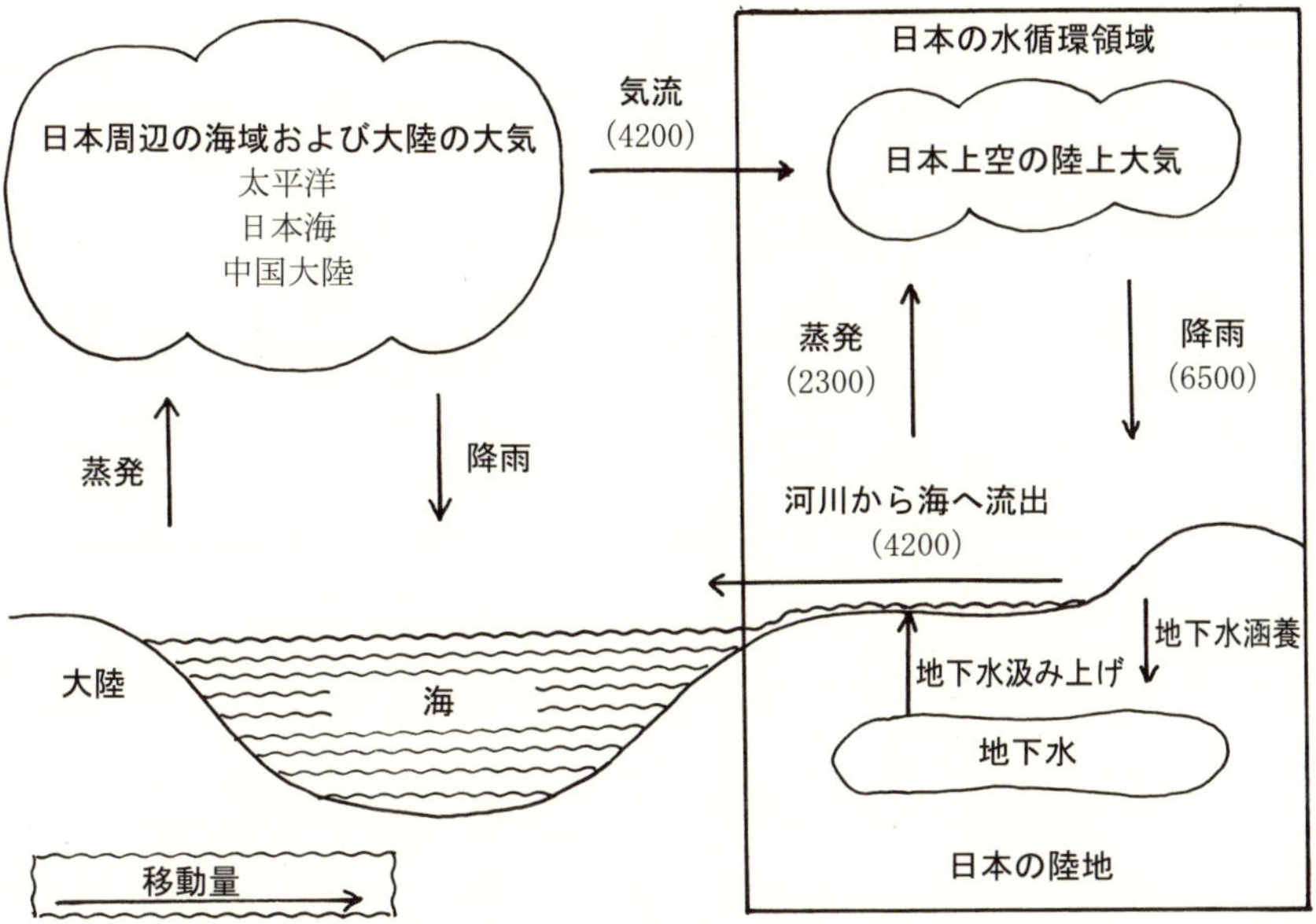

表２－５　日本の水利用の内訳

(1) 農業用水 水田灌漑用水（米）、畑地灌漑用水（野菜、果樹）、畜産用水（牛、豚、鶏）など
(2) 工業用水 ボイラー用水、原料用水、製品処理用水、洗浄水、冷却水などである。産業別では、化学、鉄鋼、パルプで 70 %を占める。
(3) 生活用水の中の家庭用水 4 人家族の場合、1 人 1 日の水使用量は、210 リットル程度である。東京都水道局の調査によると、使用内訳としては風呂が 24 %、洗濯が 24 %、炊事が 23 %、トイレが 21 %、洗面その他が 8 %である。
(4) 生活用水の中の都市活動用水 日本の都市活動用水の平均値は、1 人 1 日あたり 120 リットル程度であるが、大都市ほど消費量は多くなる。使用内訳としては、営業用水（飲料店、デパート、ホテル、プールなど）、事務所用水、噴水、公衆トイレなどである。

ダム建設はそれ自体が河川流域の水循環、生態循環系を破壊するだけでなく、経済的に見ても行き詰まりつつある。

都市の水循環

東京都二三区には七八〇万人が住んでおり、昼間人口は一〇〇〇万人近くになる世界でも有数の大都市である。大都市における、人口集中、都市開発による緑地の減少などは水循環に大きな影響を与えることになる。**図2―3**は、大気水収支法で計算した東京都二三区における水循環の様子である。

東京都の水循環の基本*は、降雨が九・三二億トン／年に対して蒸発が二・一七億トン／年という循環である。降雨のうち、蒸発で足らない分は、東京都区部外からの気流の移動によって補われる。降雨のうち、一部は地下に浸透して地下水汲み上げに利用されるが、七〇パーセントは河川からそのまま東京湾へ流れてしまう。

東京都二三区には水源はないため、東京都以外の地域から上水道給水という形で大量の水を導入する必要がある。東京都の利用可能水の二二・六八億トン／年のうち外部からの給水は六八パーセントになり、その水は当然であるが利用率が八六パーセントと高率で使用されている。上水道が一〇〇パーセントの利用率にならないのは、水道管からの漏水があるためである。

*東京都の水循環の基本データは次の文献より引用した。『都市をめぐる水の話』（紀谷文樹・中村良夫・石川忠晴編著、井上書院、一九九二年）
都市と気候、都市の水循環、ヒートアイランド現象など、都市と水の関係について、データがまとめて紹介されている。

図２－３　東京都（23区）の水循環（億トン／年）

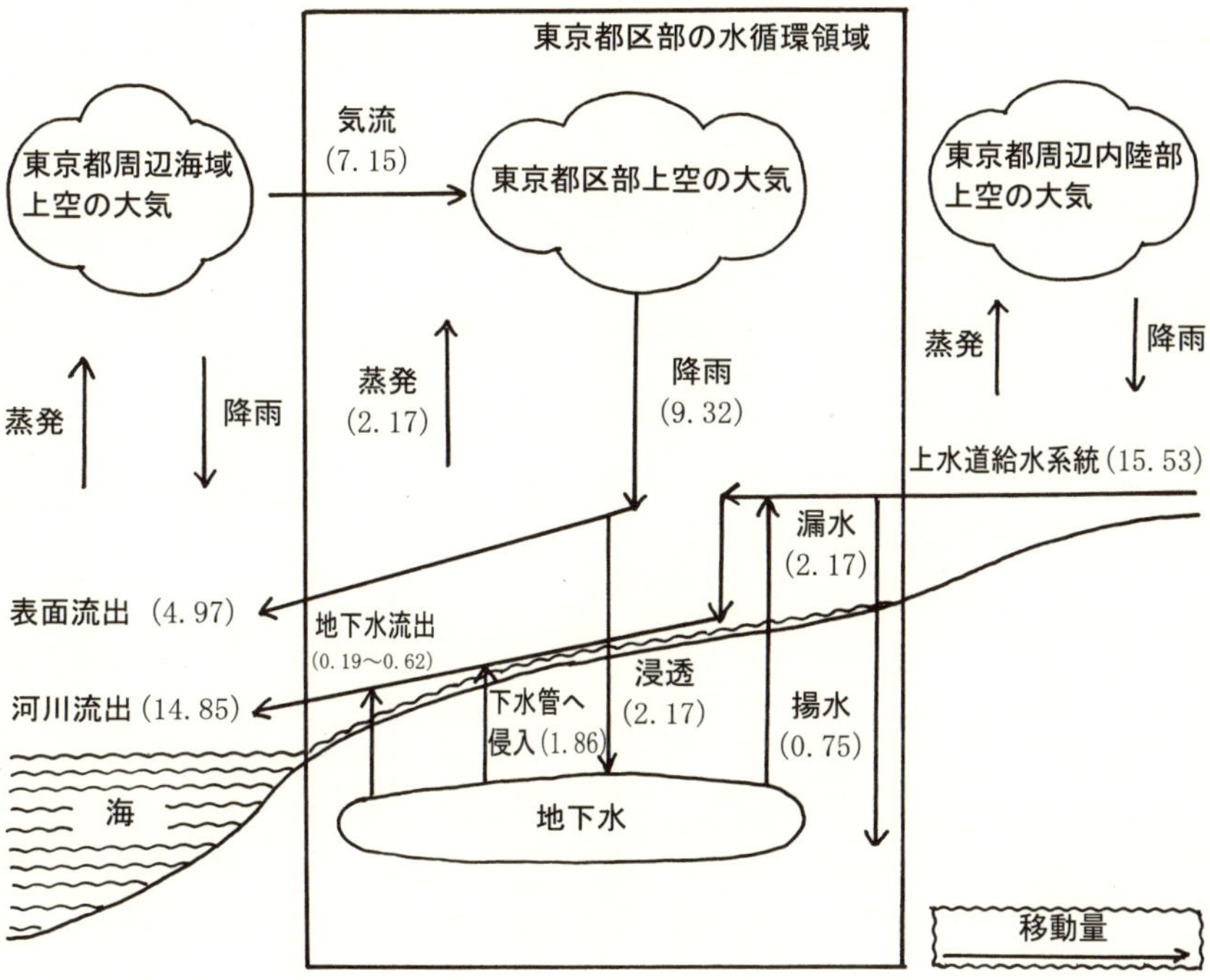

表２－６　東京都区部の水利用（億トン／年）

東京都区部の利用可能な水量	東京都区部の水利用実績	東京都区部の水利用率
東京都区部内の降雨から蒸発量を引いた水量 9. 32－2. 17＝7. 15	東京都区部の降雨のうち地下水として揚水している量　2. 17	東京都区部循環水の水利用率 2. 17/7. 15＝0. 304（30. 4％）
東京都区部以外からの上水道供給水　15. 53	東京都区部以外から供給された水のうち漏水を除く水量 13. 36	東京都区部以外から供給された水の利用率 13. 36/15. 53＝0. 86（86％）
合計　22. 68	合計　15. 53	総合的水利用率 15. 53/22. 68＝0. 675 (67. 5％)

東京都区部の蒸発量と降雨の比を見ると〇・二三三であり、これを日本の水循環平均値〇・三五四と比較すると三四パーセント程低い値になっている。大都市が降雨に比べて蒸発量が少ない原因は、都市のコンクリート化と緑地や水辺の減少にある。

東京は年々暑くなり、乾燥化してきた。**図2－4**、**図2－5**は、一八七五年頃から一九九〇年までの、東京における年平均気温と年平均相対湿度の変化である。平均気温は一一五年間で、約二・五度も上昇し、相対湿度は約一五パーセントも低下している。都市における気温の上昇は「ヒートアイランド（熱の島）現象」と呼ばれているが、大阪、京都、名古屋など日本の大都市では、同じような現象が生じている。

ヒートアイランド現象の主要な原因は気化熱の大きい水分を含んだ地面、水面、樹木が少ないことにある。夏期の晴天日に実施された、コンクリートや湿った土の表面上での気温変化調査記録によると、正午のコンクリート表面は気温に比べて二〇度近くも上昇するが、湿った土では五度程度しか上昇しなかった。このように、都市開発によるビル建設、道路建設は、都市部における気温の上昇、水蒸発量の低下を招くことになる。

大都市は、地球温暖化を先取りする形で、ヒートアイランド化が進んでいる。日本では、八〇パーセントの人々が都市に住んでいる。その傾向は、今後もあまり変わらないと考えられる。だとするならば、都市に可能な限り水辺と緑を増やし水の循環を

都市はヒートアイランド

図２－４　東京の年平均気温の経年変化図

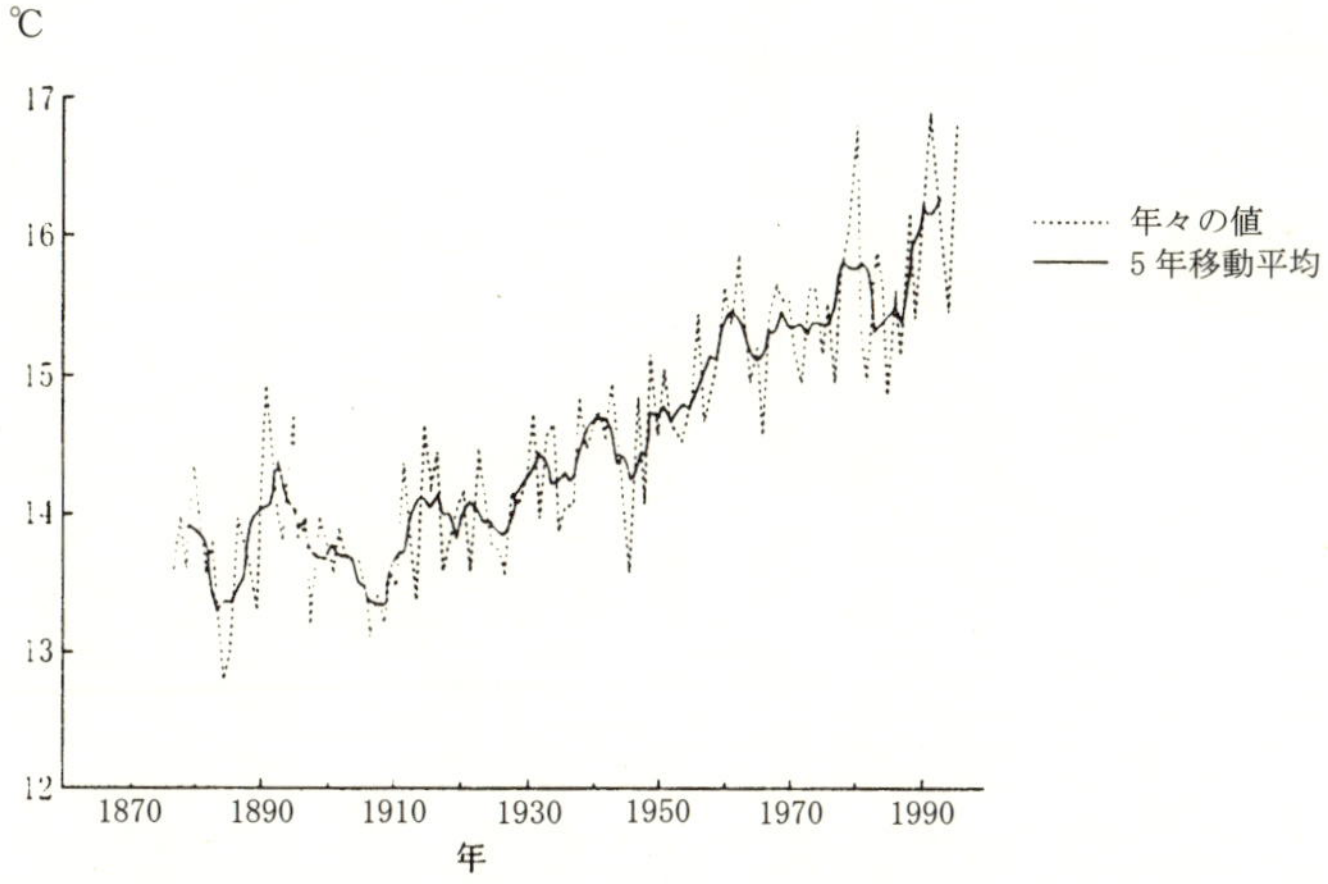

＊気象庁

図２－５　東京の年平均相対湿度の経年変化図

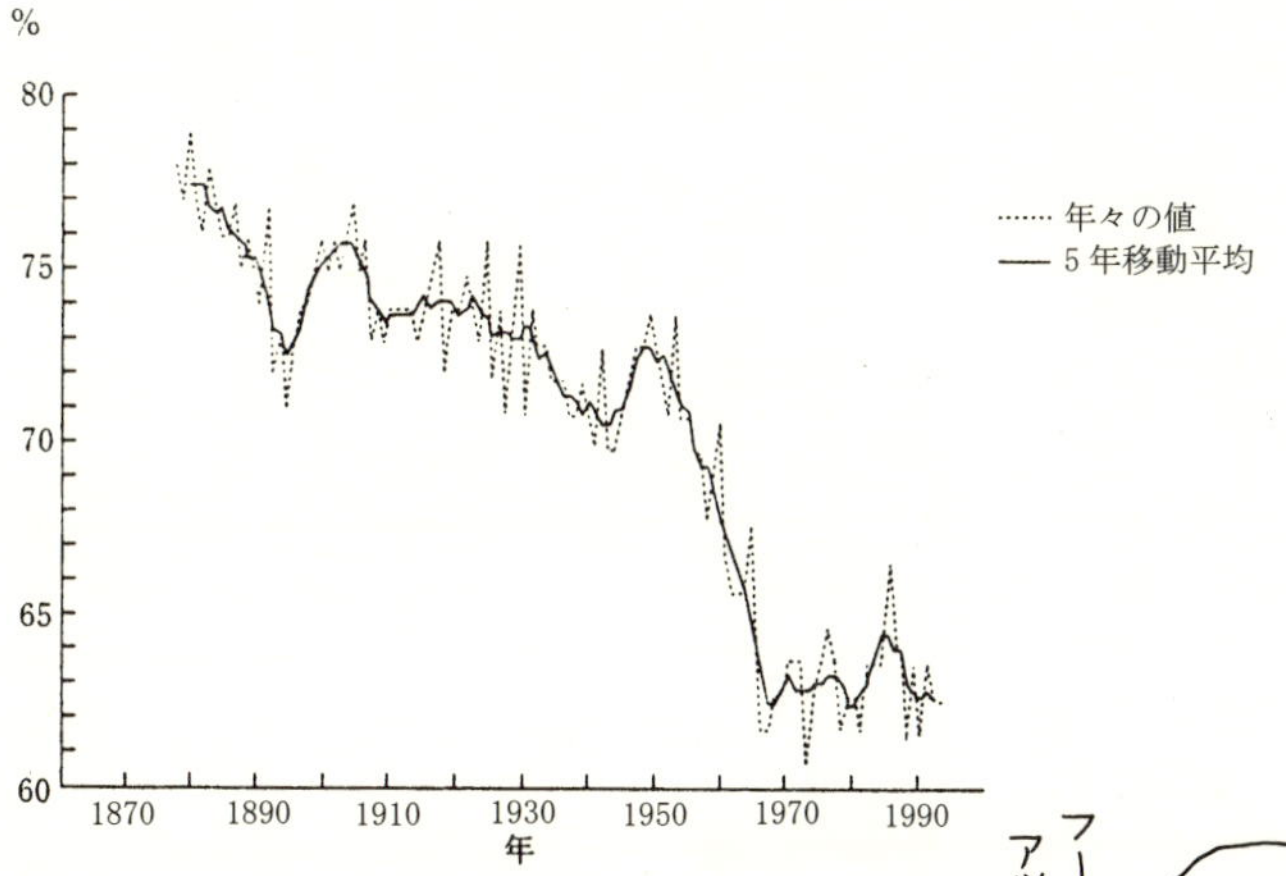

＊気象庁

復活させなければならない。

人体の水循環

古代ギリシャ哲学の元祖タレスは、「万物の根源は水である」と言った。現代の科学知識によると、例えば金やダイヤモンドは水から作ることはできないので、タレスの言ったことは誤りであることがわかる。しかしタレスが「生物の根源は水である」と言ったとしたら、それは正しいのではないかと思う。地球の生命は、水の中で誕生したと考えられ、水なしには生きていけないからだ。

人体は約三分の二が水分であるとされているが、それは平均体重の成人男性の場合である。やせた男性だと七〇パーセントくらいであり、女性の場合は脂肪が多いため水分は五二パーセントくらいである。年齢によっても水分は違いがある。赤ちゃんの水分は多くて八〇パーセント、年をとるにつれて水分は減少し、老人では五〇パーセント近くにまで低下して文字どおり枯れていく。

新生児の水分が八〇パーセントも必要であるのは、成人に比べて腎臓がまだ未発達なため、老廃物の排出を屎尿や汗に依存しているからである。また、体内に毒物が入ってきたときにも水によって排出しなければならない。新生児の時代は、体重あたりに換算すると成人の四倍も水が必要であり、健康と生命を維持するためには水分補給を

あんなに水々しいのに
ボクより水気が
少いなんて・・・・
?

怠ってはならない。夏に赤ちゃんを、車の中に置き去りにする行為は殺人に等しい。

体重六〇キログラムの成人の人体は約三〇リットルが水分である。健康な成人の水収支と人体各器官の水分を**図2―6**に示す。健康な成人が一日に取り入れる水分は二・六リットルである。ただし、この数値には個人差、年齢差が大きいことに注意する必要がある。体内に取り入れる水のうち、一・五リットルは飲み水であり、残りは食べ物に含まれている水分と代謝水である。代謝水とは、例えば食べ物の段階では脂肪であっても、体内で脂肪が消化されて水に代わるような、体内代謝によって生成される水のことである。

一方、取り入れた水分と同量の水分が排出される。そのうち一・五リットルが尿から、約〇・六リットルが汗や皮膚蒸発から、〇・四リットルは呼吸によって、そして残りの〇・一リットルは便から排出される。

体内水分のうち、四一パーセントは細胞の中にある水、二四パーセントは細胞外液（血漿四パーセント、細胞間液一五パーセント、細胞間通過液五パーセント）である。これらの水は一刻もじっとしていることはない。細胞膜や各器官を自由に通過して体内を循環している。体の各器官にしめる水分は**図2―6**に示すように、腎臓で八三パーセント、骨は二二パーセントである。さらに、水は人体組織のあらゆる部分に浸透して細胞や骨の空隙を満たしている。血液の八三パーセントは水分である。体内の血管の長さは九万六〇〇〇キロメートルと、地球を何周もする長さが張り巡らされている。その中を血液が移動して大人では六〇兆個の細胞に動脈を通じて一刻の猶予もなく栄養が送り届けられ、静脈を通じて一刻の猶予もなく老廃物を腎臓に送り届けている。

成人の場合、腎臓で一日に浄化される水の量（原尿）は一八〇リットルに及ぶ。体内には三〇リットルしか水がないのに、一八〇リットルも必要であるということは、単純に計算すれば一日に六回も体内を巡り循環利用していることになる。人体を一つの環境と考えて水の利用率という側面からみると、人体は六〇〇パーセントという非常に高い循環利用率を有していることになる。一八〇リットルの循環水のうち、一・四パーセントにあたる二・六リットルが毎日入れ替わっていることになる。これを、自給率（人体で必要とされる循環水を内部で生産できる割合）で見ると、九八・四パーセントということになる。

腎臓は一つでも十分、血液を浄化する能力をもっているが、二つとも故障して使えなくなると血液が塩分などの不純物で汚れ、尿毒症になる。尿毒症になると人間は三週間以上は生きることができない。

人体の皮膚には二〇〇万もの汗腺がある。人間が活動をすると熱が発生し体が過熱するが、そのとき脳からの信号によって汗が出る。汗は九九パーセントが水分であり、残りは塩分や尿素などである。活動によって熱くなった血液は毛細管を通じて皮膚の

図２－６　人体の水循環

健康な成人の１日分の水収支（リットル）と人体各器官の水分（%）

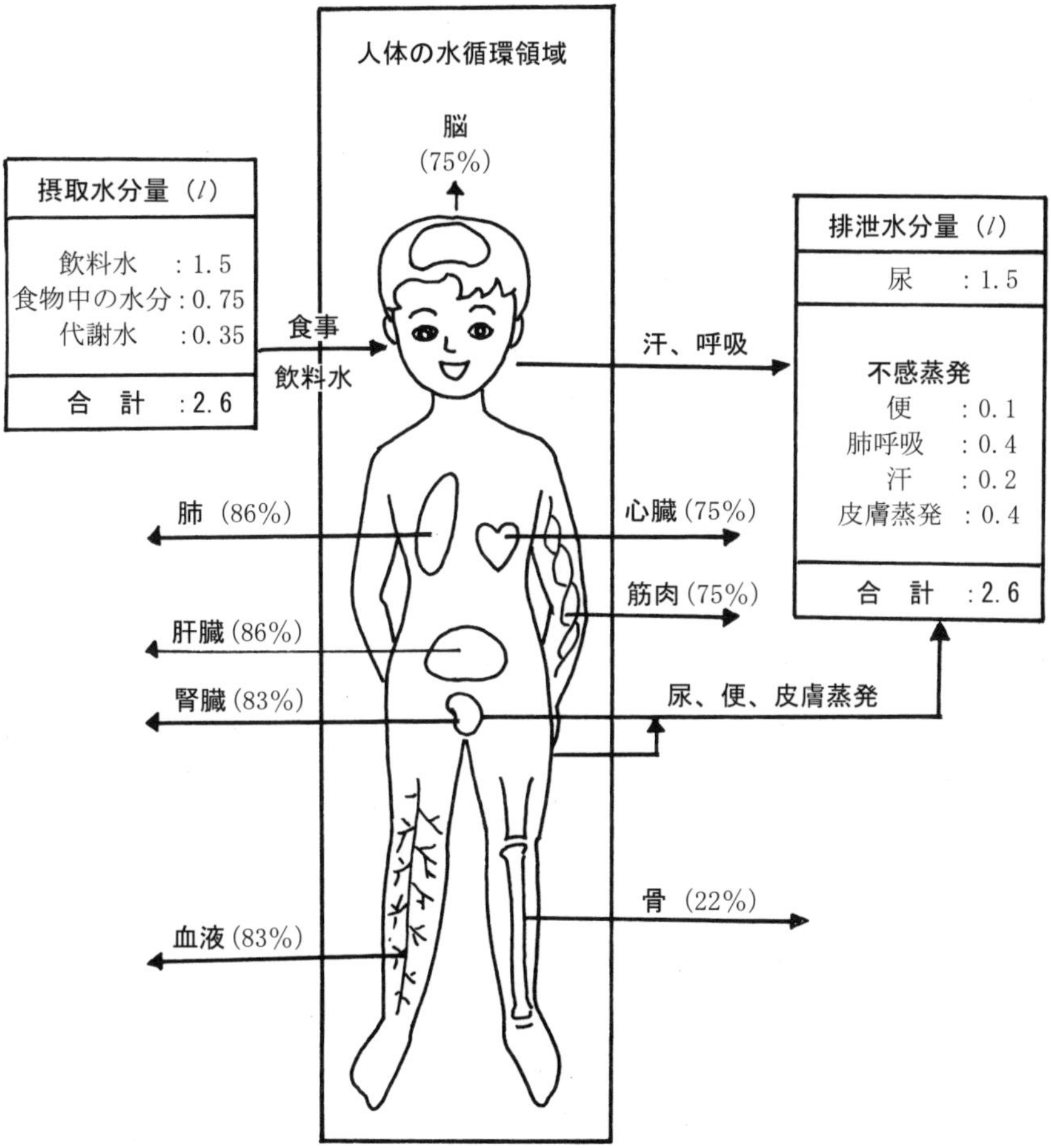

表２－７　人体の水利用

成人人体の水存在量	人体の水循環量（利用量）	水利用率
30リットル	180リットル／日	180/30＝6（600%）

表面まで送られ、汗を出すことによって冷やされ、体内に戻っていく。

地球の気温が水の循環によってコントロールされているように、人体は汗によって体温がコントロールされている。地球に水循環がないと仮定すると、太陽からの入射エネルギーによって地球の温度は摂氏三〇度前後になってしまうはずだが、水循環の存在によって廃熱が宇宙へ捨てられ、摂氏一五度に調整されている。人体は、肺呼吸、汗、皮膚蒸発によって一日に約一リットルの水分を蒸発させている。この蒸発がないと、人体は摂氏四〇度くらいの高熱になってしまうのであるが、水分蒸発のときの気化熱が体から熱を奪い三六度五分に調節している。

人体の水分は一〇パーセントが失われると生命が脅かされ、二〇パーセントを失うと死に至るとされている。断食修行でも水だけは飲むのは、生命維持のためである。二〇〇一年の夏はたいへん暑く、運動中に熱中症で死ぬ人が何人も出てマスコミでも話題になった。水分が低下してくると、温度調節機能が狂い、熱中症になってしまう。最近では、マラソン中に適度な水分を補給する重要性について認識されている。登山をはじめ激しい運動中には、常に適度な水分補給を忘れてはならない。人体の温度コントロールは水冷式なのだ。

種々の動植物の水分を**表2―8**に示す。

生物について一般的に言えることであるが、成長のための細胞分裂速度が速い段階、すなわち新陳代謝の盛んな若い時期には、一つ一つの細胞にまで栄養を運び、汚れを浄化するための水がより多く必要であり、そのため体内の水分が多い。

植物の水循環

動物だけでなく、植物が生きていくためにも水の循環が重要な役割を果たしている。地下に向かって縦横に伸びている根の先端は何十億という微小な根毛で覆われている。それらの根毛によって根の表面積は二〇倍も大きくなるため、水や栄養を効率よく吸収することができる。

茎には多くの細い管が垂直に並んで配置されている。木部《もくぶ》をとおして水や栄養を根から送り上げ、師部《しぶ》をとおして葉から光合成によって作り出された糖分を送り返している。中心部の髄は柔軟性があり、栄養分と水を貯蔵する。水は表面張力が大きいので、数十メートルもある木の葉の先端まで、水に溶けた栄養が送り届けられる。木部と師部は植物の循環系を構成している。

根から吸収した水と大気中の二酸化炭素と太陽からの光エネルギーによって、グルコースと酸素がつくられる作用を光合成という。光

表２－８　動物や植物の水分（％）

クラゲ	95
ミミズ	80
エビ	79
カエル	78
ニワトリ	74
サカナ	70
カンガルーネズミ	65
ゾウムシ	48
スイカ	97
トマト	95
パイナップル	87
トウモロコシの実	50
ヒマワリの種	5

エネルギーをキャッチするのは葉っぱのクロロフィルの役割である。グルコースは植物が成長するための化学エネルギー（ＡＴＰをＡＤＰに変化させてとりだすエネルギー）として利用される。

根から吸い上げられた水は植物組織に栄養を送り届けるだけでなく、気孔から蒸散して熱を系外に捨てている。葉の裏側の表面にある気孔は、光合成のときのガス交換を制御している。光合成が盛んに行われている昼間は気孔が開いて水分やガスを調整し、夜になって光合成が停止すると気孔を閉じる。気孔から蒸散される水は液体から気体に変わることによって廃熱を植物の外側に捨てている。

日本を代表する樹種であるスギやヒノキなど針葉樹の幹を、幾何学的にモデル化すると三角錐で近似できる。幹の体積が一立方メートルの樹木を三角錐でモデル化すると高さは一五・三メートル、太さは胸高直径が四六・七センチメートルとなる。

平成一三年度の『森林・林業白書』によると、日本の森林資源現況としては総面積が二五一五万ヘクタール（平成七年度実績）であり、蓄積されている体積としては三四億八三二三万立方メートルとなっている。一方、別の文献（近藤純正編著『水環境の気象学』、朝倉書店）によると、日本の一二か所の森林流域で測定された森林からの年間蒸発量の平均値は約七〇〇ミリメートルである。この数値を森林面積に乗ずると、日

本の森林からの総蒸発量は一七六〇億立方メートルとなる。この総蒸発量を総蓄積体積で割り算し、かつ一日あたりの蒸発に換算すると、体積が一立方メートルの樹木からは一日に一三八リットルの水が蒸発すると計算できる。

気象学の文献（武田喬男他著『水の気象学』、東京大学出版会）によると森林からの蒸発は、樹木が根を通じて土壌から吸収した水を葉の気孔から蒸発させる「蒸散」と、降雨が葉に付着して直接的にそこから蒸発する「遮断蒸発」に分けることができる。さらにその比率は、日本全体の平均値で換算すると「蒸散」が五七パーセント、「遮断蒸発」が四三パーセントである。この比率で一三八リットルを按分すると、結局のところ一立方メートルの樹木からは一日に蒸散が七九リットル、遮断蒸発が五九リットルということになる。

大気水収支法で計算した日本の森林の水循環を**図2―7**に示す。日本の平均雨量は年間一七〇〇ミリメートルとする。このうち森林からは蒸散で四四七ミリメートル、遮断蒸発で二五三ミリメートル、合計七〇〇ミリメートルが蒸発する。降雨と蒸発の差の一〇〇〇ミリメートルは森林外（海洋や大陸）から気流に乗って移動してくる水量である。降雨の一部は葉っぱの間から九〇パーセント程度は林内雨として地面に落下し、残りの一〇パーセント程度は幹を直接伝って樹幹流となって地面に到達する。地面に到達した水のうち、地表を流れる地表流と根っこの部分など比較的浅い土壌部分を流れる地中流の合計は三七五ミリメートルであり、残りの六二五ミリメートルは地下へ浸透し地下流となる。この地下流によって地下水が供給され、下流河川の基底流量（雨が降らなくても流れている河川流量）が安定的に保たれることになる。

平成一三年度の『森林・林業白書』には、日本学術会議から答申された「森林の多面的機能」が八項目にわたって以下のように紹介されている。

①**生物多様性保全機能**（遺伝子保全、生物種保全、生態系保全）

②**地球環境保全機能**（二酸化炭素吸収や化石燃料代替による地球温暖化の緩和、地球気候システムの安定化）

③**土砂災害防止、土砂保全機能**（表面侵食防止、表面崩壊防止、その他土砂災害防止、雪崩防止、暴雨緩和、防雪）

④**水源涵養機能**（洪水緩和、水資源貯蔵、水量調節、水質浄化）

⑤**快適環境形成機能**（気候緩和、大気浄化、快適生活環境形成）

⑥**保健・レクリエーション機能**（療養、保健、行楽、スポーツ）

⑦**文化機能**（景観、風致、学習・教育、芸術、宗教・祭礼、伝統文化、地域の多様性維持）

⑧**物質生産機能**（木材、食糧、工業原料、工芸材料）

これらの機能の基本は、水の循環によって維持されていることを認識しなければならない。水源涵養と気候緩和は直接的に水の循環に依拠している。二酸化炭素吸収能

図２－７　日本の森林の水循環（㎜）

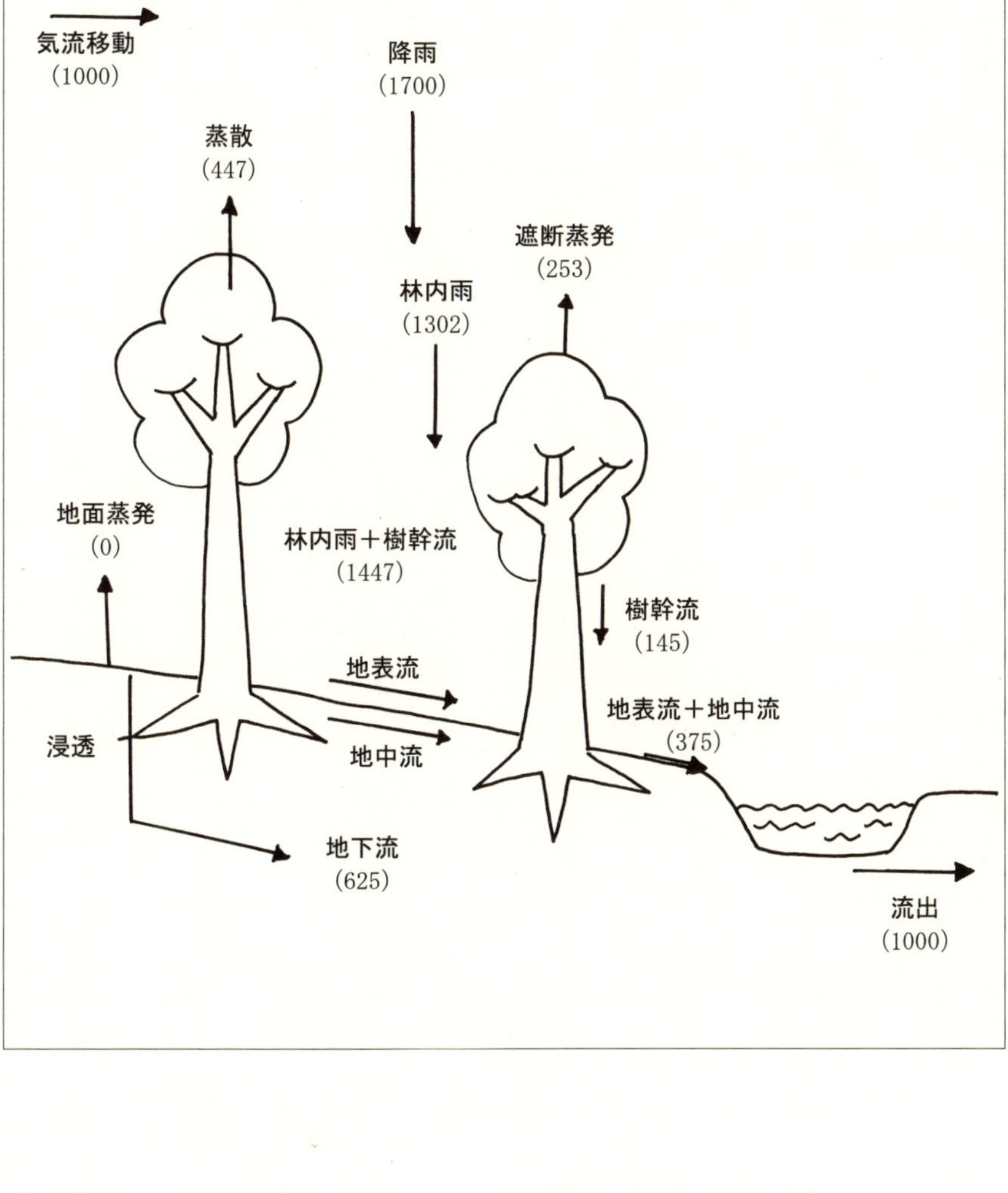

力は太陽光と水循環による光合成によるものであるし、その結果として生産される葉っぱや枝が地面におちて土壌となり土砂の侵食や崩壊を防ぎ、水および樹木の循環が生物の多様性や地域文化を保全し、快適環境を生み出している。

同答申では、**表2－9**に示すような「森林の有する多面的機能の貨幣評価」を示している。

この表でいう代替法とは、例えば表面侵食防止や崩壊防止であれば斜面の崩壊を防止するための土砂止工事や砂防ダム建設に要する費用を計算するものである。これらの数字は、「森林がないと仮定した場合と、ある場合の想定比較」でありモデル的な概算である。

しかし、ここでも注目されることは洪水緩和、水資源貯留、水質浄化という水循環による直接的機能の大きさである。気候変動枠組み条約の京都議定書によって森林の二酸化炭素吸収が評価されているが、森林の公的機能は二酸化炭素吸収能力だけで評価されるわけではないことに注意する必要がある。

水循環の基本原理

これまで述べてきた水循環の考え方を「水循環の原理」として以下にまとめて説明する。そして**表2－10**は、地球、日本、東京、人体という「環境」を水循環の原理で

表2－9　森林の有する多面的機能の貨幣評価

機能	評価手法	評価額（円／年）
二酸化炭素吸収	代替法	1兆2391億
化石燃料代替	代替法	2261億
表面侵食防止	代替法	28兆2565億
表面崩壊防止	代替法	8兆4421億
洪水緩和	代替法	6兆4686億
水資源貯留	代替法	8兆7407億
水質浄化	代替法	14兆6361億
保健・レクリエーション	家計支出（旅行用）	2兆2546億

表2－10　領域別水循環の特徴（まとめ）

特徴＼領域名	地　球	日　本	東京都区部	人　体
物質、エネルギーの出入り	閉鎖系	開放系	開放系	開放系
利用可能な水量	43兆トン／年	4200億トン／年	22.68億トン／年	30リットル
時間・空間変動の大小	大	中	中	小
水利用量（実績量）	3.569兆トン／年	892億トン／年	15.53億トン／年	180リットル
蒸発量と降雨量の比	海：1.098 陸：0.622	0.354	0.233	水の出入比：1.0
水利用率	7.9%	21.2%	67.5%	600%
水自給率	100%	54.8%	31.5%	91.3%

＊**閉鎖系**……系の内外から水の出入りがなく、エネルギーの出入りはある水循環領域。
＊**開放系**……系の内外から水の出入りがあり、エネルギーの出入りもある水循環領域。
＊**利用可能な水量**……領域内で循環している水量。
＊**時間・空間変動**……利用可能な水量の平均値に対して、場所の違いによる偏差の大きさ、季節や時間による偏差の大きさを表す定性量。
＊**水利用量**……対象となる領域内で農業用水、工業用水、生活用水に利用している水量。
＊**水利用率**……水利用量に対する利用可能な水量の比率。
＊**水自給率**……利用可能な水量のうち領域内で生成される水量の比率。

比較するための資料である。

❶生命の根源は水循環である。

生命は水の中で誕生し、水循環によって生かされてきた。広い宇宙の中で、地球にだけ生命が存在する。その基本は、地球にだけ水循環が存在するからである。水だけなら、氷の状態で他の惑星にも存在する。しかし、気体の水蒸気、液体の水、固体の氷という三つの状態が存在し地球を循環しているのは地球だけである。

❷地球の水は、太陽エネルギーと重力によって自然に循環している。

物質にエネルギーが投入されると、循環が起る。水は、太陽エネルギーの入射によって暖められ蒸発し、宇宙へ廃熱を捨て重力に従って雨粒となって降雨し、川となって海へ流れ込む。

このように水循環によって、海水は淡水になり、水は山の上まで供給され、川や湖や地下水の水量は保たれ、地球は摂氏一五度に調節されている。これこそが地球上の生命存続の基盤である。

❸水には七つの不思議で優れた特性がある。

地球上で、水はどこにでもあるため、私たちは水を「ありふれた物質」と考えがちである。しかし水には七つの不思議かつ優れた性質がある。水の持つ①表明張力が大きい、②溶解能が大きい、③比熱が大きい、④気化熱が大きい、⑤氷が水に浮く、⑥

氷の優れた役割、⑦湿度の優れた性質、という七つの特性は、生命にとって不可欠の役割を担っている。

❹水循環によって浄化できる汚れと、浄化できない汚れがある。

科学技術の進歩は、様々な資源や化学物質の利用範囲を広げてきた。しかし、それらの物質の中には生物に対して毒性があったり、生態系に悪影響を与える汚染物質(汚れ)が多くある。水循環によって浄化できる汚れ(二酸化炭素、チッソ、リン、廃熱など)は、環境の浄化能力の範囲を超えない程度に出してよい。しかし、浄化能力を超えて排出すると、二酸化炭素による地球温暖化、富栄養化による赤潮の発生などが起こる。一方、水循環によって浄化できない汚れ(放射能、ダイオキシン、水銀など)については、「作ってはいけない」、「環境中に排出してはいけない」と考えよう。

❺地球の水量は増えも減りもせず回り続けているが、人間が利用可能な水は降雨から蒸発量を差し引いた短周期の水循環量(水資源賦存量)であり、水の存在量そのものではない。

地球には一三億七〇〇〇万キロ立方メートルという大量の水が存在し、その水は長期的には増えも減りもせず地球を循環している。しかし、人間が利用可能な水は、循環周期の短い水資源賦存量であり、その水量を超えて灌漑やダム建設などの水利用をしてしまうと、水環境そのものがなくなってしまうという最大の環境破壊が起こる。かつて、世界で四番目に大きい湖であったアラル海は、一九六〇年以後の三〇年間で灌漑開発が急増し、湖へ流入する水は五〇〇億立方メートルから五〇億立方メートルへと激減してしまった。そして現在は、四〇億立方メートルを切り、湖消滅の危機にある。中国黄河の「断流」も、天竜川下流の水無川化も流域の水循環量を超えて、水利用が進んだ結果である。

❻地球温暖化の進行は水循環の変動を激化させ、世界的な食糧危機をもたらす。

世界の各国が、今のままエネルギーを野放図に使い続けると、主として二酸化炭素の温室効果による地球温暖化が加速され、気候変動が起ると予測されている。ＩＰＣＣ（気候変動に関する政府間パネル）の資料によると、気候変動とは、現在乾燥化が進んでいる地域や中国やアメリカなど世界の穀倉地帯が乾燥化し、一方で大雨が降るところも増えてくるという「水循環の変動増大」が最大の問題である。

❼地球でいま生じている水不足、水汚染は気象変動などの自然要因もあるが、主としては人為的要因によって生じている。

地球上でいま生じている水不足、水汚染の原因には、地域のおける乾燥化など水循環の空間的、時間的変動という自然要因もあるが、主たる原因は人口増加と集中、森林伐採、過剰灌漑、過剰利用、そして戦争や内乱などの人為的要因である。

❽古代都市文明は、水循環、栄養循環の破壊によって滅亡した。現代都市文明はその教訓を生かし、都市の中にも水循環、生物循環を復活させなければならない。

現代の大都市は、森林や水辺を破壊し、コンクリート化を進め、水や食料は遠隔地域からの輸送によって成り立っている。しかし、大都市内では大気汚染や水汚染そしてヒートアイランド現象などの環境悪化が生じている。歴史的な教訓として水や食料を遠隔地に依存することは、気候変動などが生じた際、都市文明そのものの崩壊につながる恐れがある。都市の中や周辺地域にも、水循環、生物循環を作り出さなければならない。

❾人体は超効率的な水循環システムである。

成人の人体には約三〇リットルの水が存在する。人体は一日に一八〇リットルの水を循環使用しているので、利用率は六〇〇パーセントという高率になる。これらは、地球、日本、東京の水利用率に比べると遥かに大きな値である。人体の内臓や組織は細長い繊維や薄膜によって構成されていることが効率の良さをもたらしている。水不足を解消するためには、人体の水循環の仕組みを学ぶ必要がある。

❿環境は多重の入れ子構造であり、それらは水循環によってつながっている。

われわれを取り巻く環境は、宇宙∪地球∪地域∪日本∪都市∪人体∪細胞というように「入れ子構造」になっている。地球より小さな環境は、水循環によってつながっている。例えば、いま私の細胞の中にある水の一分子が一〇〇年後にはヒマラヤの雪となっている可能性はゼロではない。細胞が健全であるためには、人体が健全でなけ

ればならない。人体が健全であるためには都市が健全でなければならない。このように、内側の環境の健全性を維持するためには、その外側の環境も健全でなければならない。

第3章　くらしの中の水を考える

本間　都

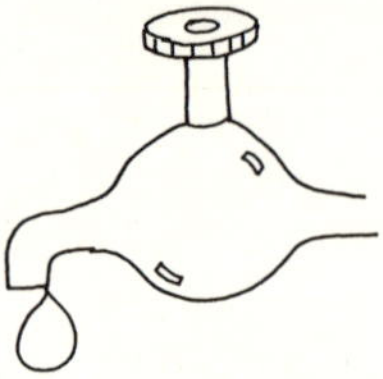

地球上に水があってこそ生かされる生命である。自然の摂理つまり自然界の水循環をできるだけ保持しつつ、水を利用することが最も理に適っているのは言うまでもない。古来わが国の水利用の形態は、自然の水循環に沿いつつ工夫されてきた。それが近代の西欧化と共に大きく変わり、とくに高度成長期以後は、金権による水の収奪が自然の水環境及び循環の破壊を拡大している。

蛇口という小さくて便利な器具がほしいだけの水を提供してくれるのに慣れて、国民は蛇口の向こうの大きな水環境を見ずにいた。今、水道料金の度重なる値上げと高額化にサイフを直撃されて、あるいは臭くて不味い水道水の現実に触発されて、国民は「水はいったいどうなっているのだろう」と考え始めている。その疑問に対して、いくらかでも答えることができればと思い、身近な例を挙げながらこの章を書いた。

知っておきたい、日本の水利用

コックをちょっと動かせば欲しいだけ浄水が出てくるのが当たり前と思っている。そこで、蛇口から水を流しっぱなしのまま、歯を磨き鍋を磨く。ひんぱんに衣類を洗濯し、風呂の水は毎日新しくする。水道水をそのまま飲んでもお腹をこわすことはないと信じている。そこで水道水で口を漱ぎ、薬をのみ下す。蛇口から直に飲む。以上は、水道事業が公共事業であり、水道普及率が九六・三パーセントに達する日本の消費者の水道水意識であり、水の使い方である。ところがひとたび目を海外に転じると、そこには日本とは対照的な水事情が展開している。

世界気象機関（WMO）は、地球上の総人口五六億人のうち約四億六〇〇〇万人が水不足におちいっており、さらに人口の約四分の一がいずれ水不足になるだろうと報告した。世界保健機関（WHO）によれば、一九九四年に地球上ではすでに一一億人が安全な水の供給を受けられずにいる。国土交通省土地・水資源局編の『日本の水資源』はWHOの報告を引用して、途上国における八〇パーセントの病気の原因は汚れた水であり、水がかかわる病気で子供たちが八秒に一人ずつ死亡しており、世界人口の五〇パーセントに対して衛生設備が未整備であるなどを述べている。

わが国と、渇水に苦しむ国々との違いは何によるものだろうか。もちろん、貧困や

戦乱のせいもあるだろうが、水の充足の絶対的なカギは降水量すなわち自然環境であり気象である。「水は天からのもらいもの」、天の恵みなのである。

図3－1を見ると、世界各国の降水量の中で日本は上位四位という恵まれた国である。私たちは、この恵まれた条件を当たり前として受け止めるのではなく、世界の一員としてどのように振る舞い、貢献できるのかを考えていきたい。

日本では地下水より河川水の利用が中心であるが、降水量が少ない国や食糧輸出国では、大量に必要とする農業用水のために地下水を利用してきた。一トンの穀物生産には一〇〇〇トンの淡水が要るといわれるが、砂漠のように暑く風が強い乾燥地では三〇〇〇トンもの水を使う。汲み上げ量が過剰なため涵養が追いつかず枯渇しつつある井戸や、気候が湿潤だった古代の遺産である砂漠の地下水層の大量汲み上げによる枯渇が、とくに穀物輸出国で進んでいる。

表3－1はその主要例の一部である。

図3－1　世界各国の降水量等

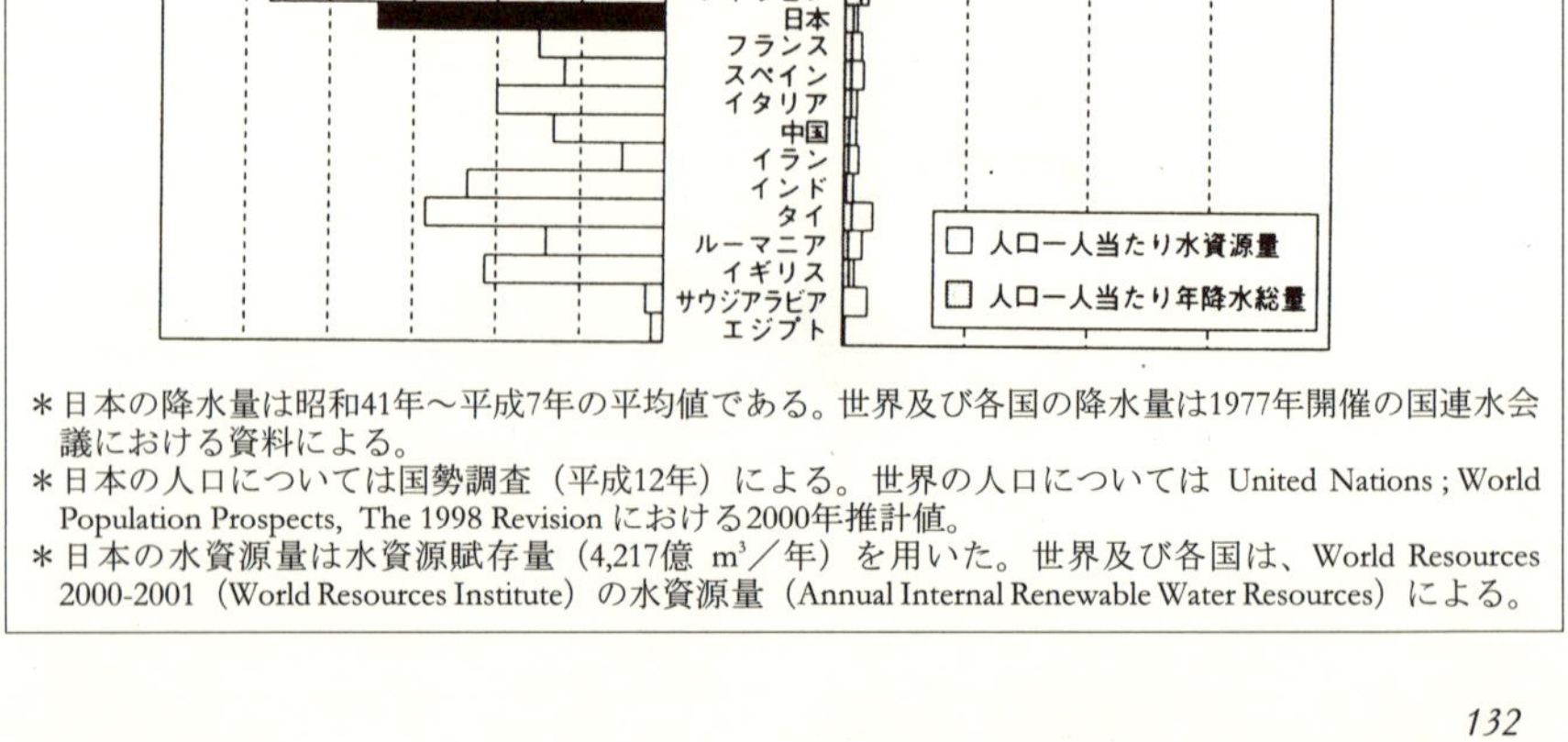

＊日本の降水量は昭和41年～平成7年の平均値である。世界及び各国の降水量は1977年開催の国連水会議における資料による。
＊日本の人口については国勢調査（平成12年）による。世界の人口については United Nations ; World Population Prospects, The 1998 Revision における2000年推計値。
＊日本の水資源量は水資源賦存量（4,217億 m³／年）を用いた。世界及び各国は、World Resources 2000-2001（World Resources Institute）の水資源量（Annual Internal Renewable Water Resources）による。

この状況を私たちは思慮深く受け止めなければなるまい。渇水や飢えや不衛生な生活の改善のために、援助の手を差し伸べるだけではない。水に恵まれ清潔に暮らしていても、日本もまた緊急かつ深刻な水問題を抱えており、対策を講じるべき時期はすでに始まっているからだ。

私たちは将来に亙って、今と同じように水を使い続けることのできる生活が約束されているだろうか。それに対する懸念があるならば、今、何をすればよいか。

必要な水と聞いて市井に暮らす私たちの意識にまず上ってくるのは、飲み水を始めとする生活用水である。日々の暮らしになくてはならない水が十分にあるか、おいしくて安全かということが何よりも水に対する最大の関心事である。と共に、食糧を生産したり、器具を製造するための水もまた、生活用水に劣らず大切である。

人間社会に必要な水は用途に応じてさまざまだが、利水の大半が農業用水、工業用水、生活用水で占められる。そこで、本章では最初に生活用水を取り上げ、ついで生活につながる農業用水や工業用水に順次ふれることにする。

まず、利水にかかわる水源や水量について一通り眺めてみたい。

表３−２はわが国における利水の配分である。

欄内の「取水量」とは、河川や地下水などの水源から採取した段階の水量である。「有効水量」とは、実際に使われる水量である。原水を上水にしたり送水する際にロス

表３−１　主要国・地域の地下水過剰揚水量（1990年半ば）

国／地域	推定年間過剰揚水量（10億万㎥／年）
インド	104.0
中国	30.0
米国	13.6
北アフリカ	10.0
サウジアラビア	6.0
合計	163.6

＊レスター・R・ブラウン編著『地球白書2001-01』（ダイヤモンド社）

が生じるが、そのロス分が取水量との差になる。工業用水では取水量よりも有効水量の方が多いが、使用した水を回収して再利用しているためである。表の数字から、工業用水は七八パーセントくらいリサイクルされていることがわかる。

使用量は圧倒的に農業用水が大きい。取水量で比較すると、農業用水には、工業用水と生活用水とを合計した量の二倍近くが使われている。

最大の水源は河川で、地下水や湧水がこれに続く。湧水は率がわずかなので、ここでは省略する。国が管轄する一級河川や都道府県が管轄する二級河川からは、だれもが勝手に取水することはできない。河川水は公水であって、取水するには水利権を持たなければならず、水利権の大きさに応じて費用も負担しなければならない。

これに対して地下水は、わが国では井戸の所有者の私水扱いである。浄水場では取水先と取水量を明瞭にしているので、生活用水については水源別の計測値が出せる。農業用水と工業用水は地下水使用量が明瞭に計測できず、推定値しか出せない。

表3－2から、年間取水量八八七億立方メートルのうち約一二パーセントが地下水、約八七パーセントが河川水であることがわかる。地下水の比率は、農業用水が推定値約五パーセント、工業用水が推定値約三〇パーセント、生活用水が約二三パーセントで、工業用水の比率が最も高い。これには理由があるが後に述べる。

このように日本の水源は河川が主体である。地下水を涵養する山林が国土の六割近

表３－２　水資源使用量（平成10年度）

	取水量（㎥）	有効水量（㎥）	取水量中の地下水割合（%）
農業用水	586億		5（推定）
工業用水	137億	564億	30（推定）
生活用水	164億	144億	23
合計	887億		12

＊平成13年度『日本の水資源』（国土交通省）

くを占める日本で、地下水の利用率が一二パーセントと少ないのは意外だろう。水質と味が大切な生活用水にはもっと地下水を当てたいし、それができない背景も探ってみたい。

どこまで上がる水道料金

消費者は、どんな水よりもまず日常生活に欠かせない生活用水、つまり水道水に対して、最も高い関心を寄せている。

生活用水は、基本的に二つの要件を満たしていなければならない。一つは必要に足る十分な水量であり、もう一つは安全とおいしさを備えた水質である。

水量と水質はもちろん重要だが、消費者にとって気になるのは料金である。水道料金問題を追究していくと、水量と水質にもかかわる重大な事実が見えてくる。

わが国には「湯水のごとく浪費する」、「水と空気はタダ」などの譬語があるせいか、今でも水は豊潤で安価だと思っている人が多いが、実態はそんなものではない。

最近の水道料金の値上げ攻勢は、まったく度を超えてい

図３－２　消費者物価指数にみる公共料金の変化

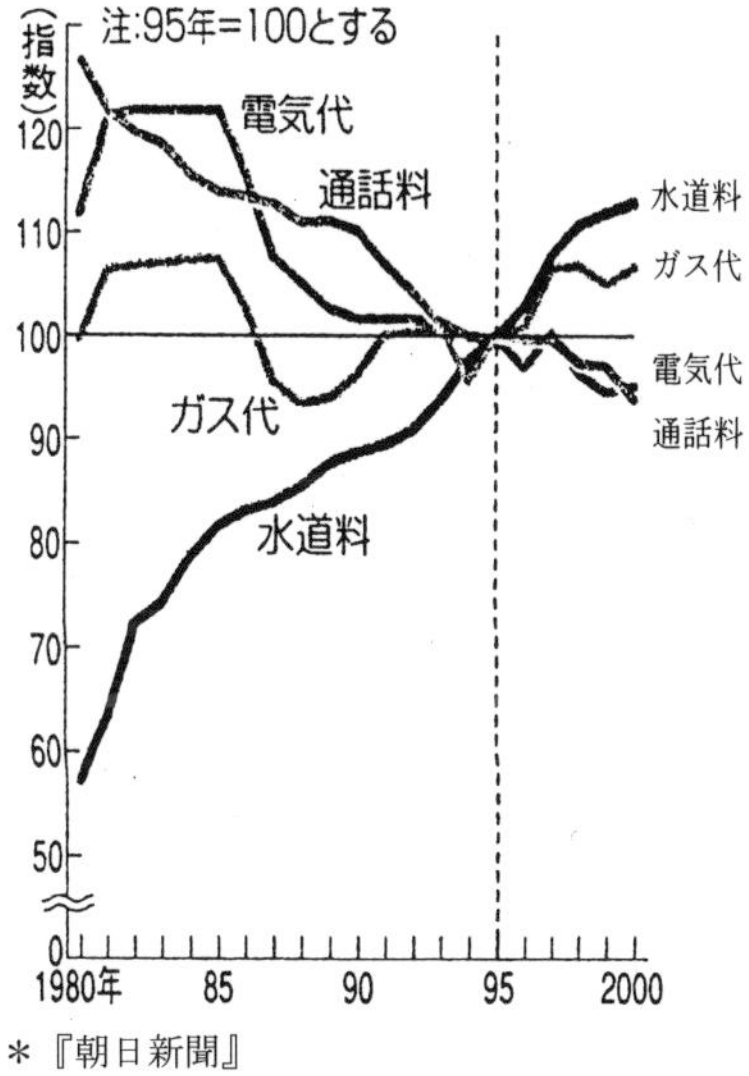

＊『朝日新聞』

るとしか言いようがない。そのことは**図3－2**で一目瞭然、電気代、ガス代、通話料など公共料金が軒並み値下げしている中で、独り大幅にアップし続ける水道料金は際立って目立つ。

日本水道協会の調査によると、一九九七年から二〇〇〇年までの四年間に全国一九〇〇水道事業体のうち六二一が料金値上げをし、平均値上げ率は一六～一七パーセントであった。それ以前の八〇年代から九〇年代にかけては平均二〇パーセントも上げており、公共料金としては異例と言える。物価の上昇率がこの二〇年間で三〇パーセントであるのに対し、水道料金の値上げ率は実にその二倍近くだ。つくづく日本の消費者はおとなしいと思う。

それでは、私が住む大阪ではどうなのだろうかと、府営水道の資料で調べてみた。なんと、二七年間で四・四倍も上がっていた（**表3－3**）。私もおとなしい羊であったと気づいた。

ちょっとお断りするが、**表3－3**は府営水道が府内市町村に売る料金である。府営水道は、府民に直接水を供給しているわけではない。府営水道は府内市町村に水を売り、市町村が住民にその水を給水する。言ってみれば府営水道の料金は製造元卸し価格である。市町村は卸し値に経費を上乗せして住民に小売りをする。府水の料金は一立方メートルあたり八八円一〇銭だが、私の住む枚方市では、使用量に応じて一立方

表3－3　大阪府営水道料金1㎥あたりの変遷（円）

年月日	沈澱水	浄水
昭和49（1974）	10	19.70
51（1976）	17.70	29.70
52（1977）	20.20	43.70
53（1978）	20.20	48.70
59（1984）	24.50	57.20
平成元（1989）	23.79	55.54
5（1993）	42.75	74.50
9（1997）	42.75	74.50
10（1998）	廃止	74.50
12（2000）		88.10

＊『大阪府水道部統計年報』より作成

メートルあたり約一九〇円から二四〇円の水道料金を設定している。ただし枚方市では、枚方市営浄水場の市水を二〇〜三〇パーセントくらい、府水に混ぜて供給している。なぜ水道料金は上がるのか。今後もまだ上がり続けるのだろうか。大阪府水道部の資料から眺めてみよう。**表3―4**は府営水道の水道水価格の内訳である。

表3―4によれば、この二〇年間で料金の内訳比率は変化した。中でも支払利息、減価償却費、受水費の三項目の合計金額は、二〇年の間に、四一・五パーセントから五二・一七パーセントへと、一〇パーセント以上増えている。比率が増えただけではない。水道料金は、一九七五年から一九九五年までの二〇年間で三・八倍値上がりした。三・八倍における一〇パーセントアップで、金額は八円から三九円へと四・九倍になった。このように、料金全体としては三・八倍の値上がりであるが、支払利息、減価償却費、受水費の三点だけを取ってみると約五倍のアップになる。

支払利息、減価償却費、受水費の三点セットは何を意味するか。

近畿では、琵琶湖総合開発事業という大規模な水資源開発工事が完成して、下流自治体や団体に約二兆円の巨額な開発費のツケが回ってきた。開発によって新しく生じた水利権が各自治体や団体に割り当てられ、それぞれに開発費用を分担させられるのである。加えて、琵琶総の着工の翌年から湖に赤潮が毎年定着して淀川が汚れ、水道水質が悪くなったので、大阪や神戸では高度浄水処理を始めた。さらに、琵琶湖淀川

表3－4　大阪府営水道の水道代内訳（%）

	1975（昭和50）	1995（平成7）
人件費	31.6	20.0
動力費	5.8	0.33
修繕費	4.5	7.5
薬品費	1.7	0.5
支払利息	24.17	16.67
減価償却費	12.33	20.5
受水費	5.0	15.0
その他	12.5	15.0

＊『大阪府水道部統計年報』

水系の桂川に日吉ダムが完成したので、その分も下流に割り当てられることになった。これらの費用がみな、水道料金にかさ上げされてくる。

ダムがつくられると水道料金が上がる図式が、見えてきたではないか。

日本の水道水がダム水に統一されるわけ

ダムができると何が起こるか、具体例から検証してみよう。二〇〇一年六月一日の『朝日新聞』記事は、典型的な料金値上げの実態を取材している。ここでは一トンは一立方メートルとして扱う。以下の記事の引用はすべて同紙による。


宮城県南郷町は、県営漆沢ダムに悩まされている。地元の鳴瀬川から取水する一日一五〇〇トンでは足りないと、八〇年からダムの水を買い始めた。割り当ては三六〇〇トン。鳴瀬川の水を使うのはやめた。

ところが増えると予想した人口は減り、使用量は一八〇〇トンで落ち着いた。「受水費」は割り当て通り使用量の二倍分を払わなくてはならない。町は人件費を削り、県に受水費の一部免除を頼んでも焼け石に水。九八年四月に率で三三・三パーセント、二〇トンあたり一六〇〇円以上も引き上げ、六一九〇円（全国一高い水道料金）にした。（中略）ダムの給水単価は〇四年以降、値上げが予定されている。

全国で最も安い山梨県・河口湖水道企業団と比べると、自前の水源を持たない厳しさがはっきりする。自前の井戸を水源にする企業団の料金は月二〇トンで七〇〇円。南郷町の実に九分の一の値段で、富士山のふもとの河口町などに水を供給している。

常識的に考えれば、鳴瀬川に自己水一五〇〇トンを持っている南郷町は、不足の三〇〇トンだけ漆沢ダムからもらえばいいではないか。将来の水需要の予測も立たないうちに、自己水を捨てて三六〇〇トンもの過剰なダム水を受け、不必要な受水費を支払うために、全国一の過重な料金を住民に課すのはなぜか。どこの為政者だって、そんな軽率な失政はしないだろうし、したくもないだろう。

ということは、取水先の転換も、水量の決定も、南郷町の自由な選択にはなかったことを示している。南郷町は自己水一五〇〇トンを捨てて、県水三六〇〇トンを受けざるを得なかったのだ。

ダムによって開発された水は、水系の府県に割り当てられる。府県はその水を府県内市町村に割り当てる。大阪府でも似たようなことが起こっている。泉大津市は一〇～二〇パーセントの自己水を府水に混ぜて市民に供給していた。府営水道は泉大津市に対し、自己水を止めて一〇〇パーセント府水の供給を受けるように迫ったのである。

◀東京都の水道水源、草木《くさき》ダム

このことからダムを建設した国は、その金と水を都道府県に割り当て、都道府県は市町村に割り当てる上下関係の図式が見えてくる。では市町村はどうするか。

山形県鶴岡市では今年一〇月、「安くておいしい地下水」が蛇口から消え、県企業局の月山ダムの水が出てくる。

地下水をはぐくむ水田が減反政策や宅地化で減り、渇水が深刻化したためと、市はダム水への転換の理由を説明する。

人口一〇万人の市に課せられたダム建設費の分担額は一〇年間で一三五億円にのぼり、四人家族の一世帯あたり五四万円を超える計算になる。水道料金は約三割値上げ、二〇トンで三一三九円とする案が固まっている。

地下水かダム水かをめぐっては昨秋、住民投票条例を求める動きも起きた。一万二〇〇〇を超える署名が集まったが、市議会に否決された。

何らかの利得でもないかぎり、だれでも高くてまずい水より安くておいしい水を求める。水が足りないのなら、地下水はそのまま残して不足分だけダムからもらえばいい。それができない鶴岡市は市民の声を退けた。しかもダムのツケは最終的に住民が払わされる。水政策に関して、この国で住民の声が通ったことはほとんどないのだ。

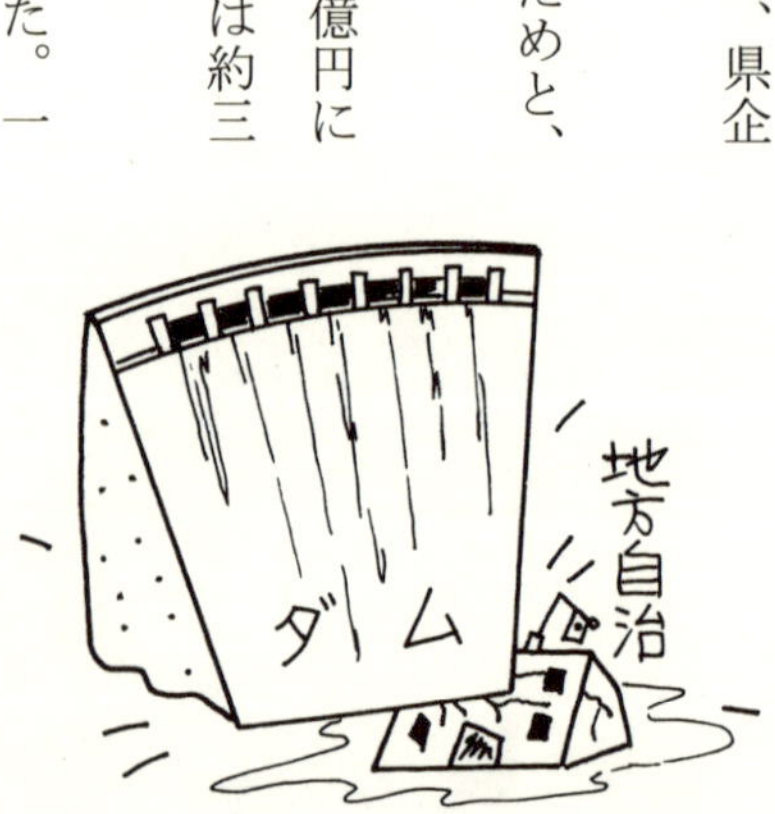

地下水を水源にしているのは、主に町や村の小さな浄水場である。そして、大量の水を広範な地域に供給する広域水道事業体は、ダムを水源とし、ダム水を力づくで割り込ませ、小さい浄水場や地下水や谷川水を押し潰しているのである。地下水が水道水源としてあまり使われない理由が見えてきた。ダムが地下水を駆逐しているのだ。ダムはおのれ一人誇って、地下水源の開発を阻んでいるばかりか、現役で働いている地下水や中小河川までも引退に追い込んでいる。こうして使われなくなった水源と水量は、全国でどれくらいあるのだろうか。

自前の井戸を水源にしている河口湖水道企業団は、全国一安い水道料金である。大阪府内で毎月二〜三〇〇〇円払っているわが家は、河口町に引っ越したら四〜五〇〇〇円で済む。安いだけでなく、富士山という天然の大濾過器を通したおいしくてきれいな水だろう。きれいな水は浄水処理もしやすく、費用もかからない。

地元の水源にはほかにも利点がある。大阪でも、府水だけでなく地元の自己水を混ぜている市町村では、府水だけの水道水のところよりおいしい。また、複数の水源をもつことは、いざというときの安全弁を備えることになる。水源にはいつどこから毒物が流れ出て、一時的にせよ取水をストップする事態が生じないともかぎらない。

身近な自己水は災害に強い。阪神大震災で、神戸をはじめ阪神間の沿線都市が長期間、断水したのは人災でもある。一帯はすぐれた六甲地下水脈の上にのっかっている

◀合成洗剤で泡立つ中小河川。河川水から取水する水道水には、こんな化学物質も混入している。

のだから、それをもっと利用できるよう手当をしておくべきだった。この地域は都市用水の約七割を大阪の淀川から取って、延々パイプで送水している。地震で送水管が破壊されて、水が被災地にとどかなくなり、惨事を拡大した。

加藤英一さんは、諸施設の中で被害をこうむりやすいのは輸送機関であると指摘する。大震災では鉄道、道路、水道、下水道などすべて輸送路はズタズタになった。水にしろ電気やモノ、ましてや人材は災害対策に限らず身近で確保するのが一番いい。

横浜市が水道料金を四月に一二・一パーセント上げたのは、昨年末完成した宮ケ瀬ダムの影響だ。

相模川の支流をせき止めたダム湖の貯水量は二億トンにのぼり、「一〇〇年間は神奈川県内で水不足を心配せずにすむ」と県幹部は胸を張る。

ただ四〇〇〇億円近い事業費の六割は水道の負担だ。横浜市は、相模川の水を県広域水道企業団から買うダム水にかえた結果、年間五〇億〜七〇億円負担が増えた。

ダム完成後のお役人の発言は「一〇〇年間は県内で水不足はない」、つまりもう水系にダム建設はいらないということで、ご同慶の至りである。待てよ、よく似たセリフ

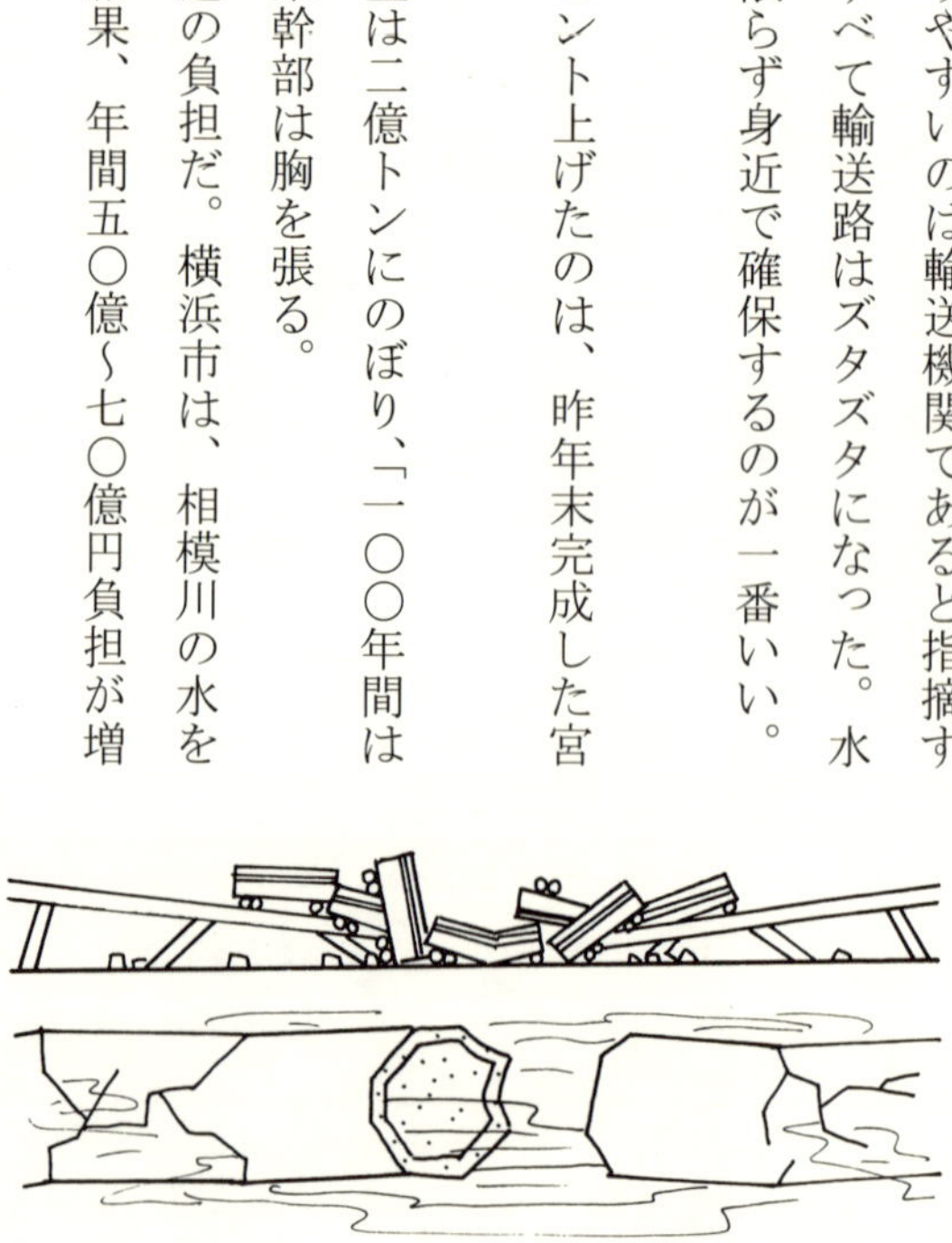

を以前に耳にしたことがある。琵琶湖総合開発着工の頃、近畿のお役人は「これが完成したら近畿の水不足はなくなる」と言ったのではなかったか。石油ショック以後、着工当時の水需要予測の伸び率は大いに鈍化したにも関わらず、その後も琵琶湖淀川水系には次々とダム計画が立てられ、うち日吉ダムはすでに完成した。どうか神奈川県では空言にならないでほしい。宮ケ瀬ダムは、四〇〇〇億円使って二億トン貯め、横浜は年間五〇～七〇億円水代が増えたというが、その数字は信頼できるのだろうか。

琵琶湖総合開発にあたって建設省は、「一秒あたり四〇立方メートルの水量を開発する。湖の水位が一五〇センチ下がっても環境や取水に影響は出ない」といって二兆円の工事をした。計算すると秒あたり一立方メートルの水代が五〇〇億円につく。平均一〇〇億円時代の計画だから破格の開発費だ。大阪は割り当てられた水利権のお金は払っているが、割り当てだけの水は取水していない（**表3－5**）。にもかかわらず建設省は、水位が一二〇センチ下がった少雨の年、「大阪は取水制限をしろ」と公言したのである。一五〇センチまで大丈夫と言い、割り当て金はちゃんと払わせて、しかも水はその分を取るな、と言うのである。これはどういうことか。計画通り工事ができていなかったということではないか。さすがに大阪も「金を払っている分はもらう」と切り返し

表3－5　淀川における大阪の水利権（万㎥／日）

自治体	水利権	最大取水量	未使用
上水計	514	424	89
大阪府	223	204	19
大阪市	268	197	70
守口市	6	6	0
枚方市	13	13	0
寝屋川市	1	1	0
吹田市	3	3	0
工業用水計	131	74	57
大阪府	84	52	32
大阪市	31	15	16
大阪臨海	16	7	9

＊大阪府資料

ている。

ダム工事は河川環境を壊し、水質を悪化させる。その結果、河川を水源とする水道水は、飲み水の安全のための設備をつくらなければならなくなる。


大阪府営水道は、汚れのひどい淀川の水のカビ臭や濁りを取るために、オゾンと活性炭を組み合わせた「高度浄水処理」を九八年七月に導入した。府内の四一市町村が高度処理の恩恵を受ける計算になる。大阪市も別に導入している。設備などの費用は八八〇億円。府営水道の卸売価格引き上げを受けた市町村の値上げラッシュは、門真市など最近一年の一三市町村からさらに広がりそうだ。

新潟市が四月に九・九二パーセント値上げしたのも活性炭処理の導入が理由だ。日本一長い信濃川の下流にあり、最近は水質の悪化が指摘され、新潟大などの研究では大都市なみの量の有機塩素類が検出されている。


川は上流が汚してくるので、下流ほど水質は劣る。大都市圏は河口部に位置し、最下流で取水している。ダム水を受水すると言っても、ダムから直接水を取るのではなくて、貯水したダムから必要量を下流に流してもらって取るのである。

首都圏や阪神地域では、原水を塩素処理後、濁りを取って砂で濾す一般的な急速濾

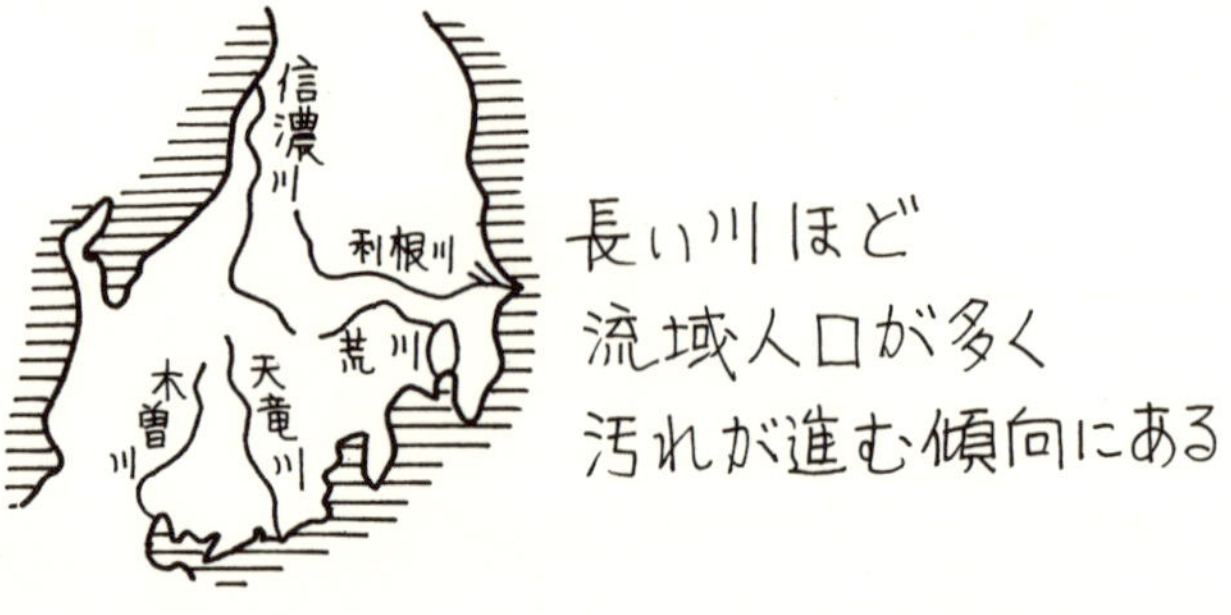

信濃川
利根川
荒川
天竜川
木曽川
長い川ほど
流域人口が多く
汚れが進む傾向にある

過浄水法では対処できないほど、川の汚染が進んでいる。汚れた原水をいきなり塩素処理すると、発がん性物質のトリハロメタンなど有害塩素化合物が高濃度にできる。そこで塩素投入の回数を減らし、代わりにオゾン・活性炭処理をするのが高度浄水処理で、トリハロメタンの減少、臭気物質削減などが期待される。川の水質悪化は全国的に進行しているので、大都市でなくても高度処理をする浄水場が増えている。この費用が半端ではないのだ。

高度処理水はおいしいかと聞かれると、返事ができない。水っぽいたよりない水、というのが私の感想である。大阪市の高度浄水処理実験プラントでＮＨＫの斎藤アナウンサーが取材中、一口飲んで「まずいや」と思わず発した一言が耳に残っている。彼はすぐ、「ボクは埼玉で地下水の水道水を飲んでいるので」と周りの大阪人に気を遣った。高度処理水といえども、地下水のおいしさにははるかに及ばないのである。

記事が示すように、ダムができたため、不本意ながら自己水を捨て、質の劣る高い水道水を供給するようになった市町村は、全国いたるところ枚挙にいとまがない。住民はまずくて不安で高い水を押しつけられ、はては高度処理費用やかさむ薬品代を負担させられる。水道事業は受益者負担と呼ばれる独立採算制なので、水代を一般会計にオンブしてはもらえないし、仮にそうしても結局は税金からの出費である。水道事業の受益者負担の受益者とは、いったいだれを指すのか。それが住民であり消費者であるという認識に、現状で私はとうてい立つことができない。

問題はこれにかぎらない。自治体は都市計画の中に節水都市構想を入れることにためらいが出ないだろうか。

水はダブつくわ財政は苦しいわで、市町村はそう度々は料金値上げもできず、あの手この手で住民に水を使わせ、料金収入を増やそうとするだろう。環境配慮が叫ばれる時代だから表面上は節水を呼びかけても、本音はそれこそ「湯水のごとく」使ってくれなくては困る。住民が知らず知らずのうちに水をたくさん使うようになる工夫をするだろう。阪神地域の水道局がやっている「マンションの五階まで直接水道管から水を送ります」というサービスなどその一つではないかと、私は疑っている。地下の水道管から五階まで水がポンプなしに揚がるほど水圧を上げれば、一階から四階までの蛇口からは、それだけたくさん水が噴出することになるではないか。

ニューヨーク市では、流量二〇リットル型の水洗トイレを六リットル型に替える市民には、費用全額を市で負担したそうだ。結果、取り替え費用の方が、節水分と同量の水をダム開発するより安く上がった。このような施策が日本でできるだろうか。わが国では、標準八リットル型に変わって噴射式一三リットル型が普及しつつある。

しかし、と言われるかも知れない。各地で渇水さわぎは相変わらず起こっている。やはり大量に安定供給できるダムは必要なのではないか、と。

ダムがダムを呼び、ムダがムダを呼ぶ

明治以来、ダムは洪水を治め、食糧とエネルギーを産出し、わが国の近代化に大いに役立った。第二次大戦後は高度経済成長を推進させ、国民の衛生的で安全な生活を支え、多くの人々に仕事を与えた。しかし今、ダムは環境破壊などもあって、見直されるようになっている。アメリカでは既設のダムの撤去さえ始まっている。

日本には二五〇〇のダムや堰がある。一本の川にはいくつものダムがある。天竜川など次から次へとつくったダムが、また次から次へと堆砂して埋まり、上流では洪水を引き起こしている。しかし、国土交通省も農林水産省も、相変わらず何十ものダム建設計画を続々と打ち上げている。長野県知事が言い出すずっと前から、見識ある国民は造り過ぎではないかと思いつつも、公共事業は景気や雇用対策につながると言われ、これまでは経済優先の意識が過大な公共工事を容認してきたのである。

公共事業の中でもとりわけ大規模な土木事業は、一般的に道路がよく知られているが、案外国民の関心外にあるのがダムと下水道である。水代の値上げの原因はダムと共に下水道建設である。ダムも下水道も住民に相談なく造り、造った後で個別の住民に金を払えと言ってくるのに変わりはない。どちらも暮らしの水にかかわる工事であり、どちらも国民の暮らしのニーズに即している。それだけに国民がうっかり推進を

ムダな道路は
選ばれていませんか
オイ
ズルして勝ち逃げはないだろ

肯定しかねない危うさがある。

図3－3を見ると、生活用水は年を追って漸次増えている。将来の水需要に備えて、ダムはなるほど必要かと思わされる。

ちょっと待てよ、である。生活用水の需要の伸びの裏には、ダムの横暴な手で地下水や地元河川を捨てさせられ、水浪費型社会に向けて背中を押された経緯があるではないか。水政策を方向転換させれば、消えた水源は蘇生するだろう。それも全国津々浦々でいっせいに、泉が湧き出るように地元水源は生き還る。新しい井戸を掘ることは、ダムをつくるよりはるかに住民に利する。地域の生活用水は地域でまかなうことが、大震災に学ぶならば、最も安全で理にかなっている。

ダム建設に際して行政は、ダム湖に沈む地域住民と形だけにせよ話し合いにやってくる。その後は札束を見せにくる、と笑う人がいる。ところが、下流住民には形だけの話し合いもない。最後にツケを払わされる者になんの相談もないとは、消費者はよほどナメられている。相手が欲しいか尋ねもせずに高価なモノを買っておいて、オイ、オマエのために買ってやったぞ、代金をよこせ、と請求されるようなものである。きちんと説明があって必要と納得したモノなら、だれだって買う。説明をしないのは、そうすれば住民はダム建設よりも節水を選ぶと知っているからだろう。

国民は成り行き上ジャージャー水を使いながらも、こんなことではいけないと感じ

図3－3　生活用水使用量の推移

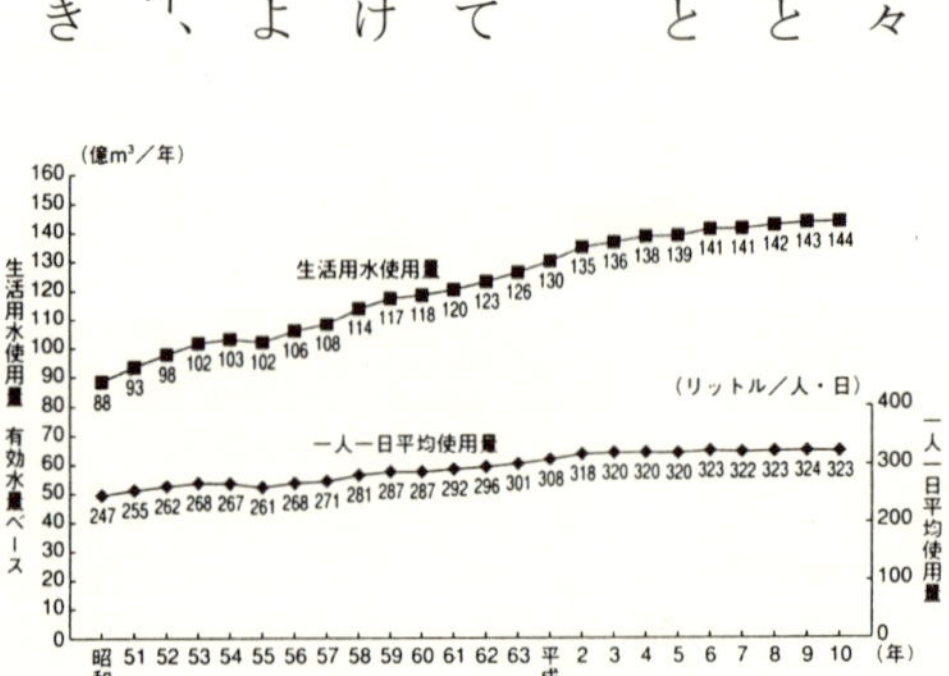

＊国土交通省水資源部調べ

ている。その気になれば五パーセントや一〇パーセントの節水など今月からすぐできる。私は、水道水の環境家計簿をつけた数百の家庭の実績から、こう断言できる。ところが行政は、どうやら違うことを考えているらしい。

表3―5を見ると、大阪府が現在持っている水利権は日量二二三万立方メートルである。それを府は三〇万立方メートル増やして二五三万立方メートルにする計画をもっている。実際は、府水は多いときでも日量二〇四万立方メートルで足りている。現在すでに余っているのは、歴然としている。

にも関わらず、府に水利権が生じる三つのダム計画が淀川水系にあり、二つの計画が和歌山県紀の川にある。それが全部完成すると、府に生じる新たな水利権の合計は日量四六万立方メートル余になり、負担額は約一七〇〇億円ということである。

府が水需要は今後増大すると予測する根拠は何か。生活用水に関して言えば、現在一日に三六五リットル使っている府民が、なぜか二〇年後には三九二リットル使うと見積もっているのだ。今でも大阪は全国トップの水浪費地域である。当面目標は全国平均並みに減らすことであり、実際に府内各市町村の使用量予測は三〇〇リットル前後に均されている。どの市町村が府水を三九二リットル分も買うか。

確かにこれまで都市部では渇水による一時的な給水制限はあったが、それはダム不足や雨不足のせいというよりも、ダムの放水量操作その他によって生じた人為的渇水

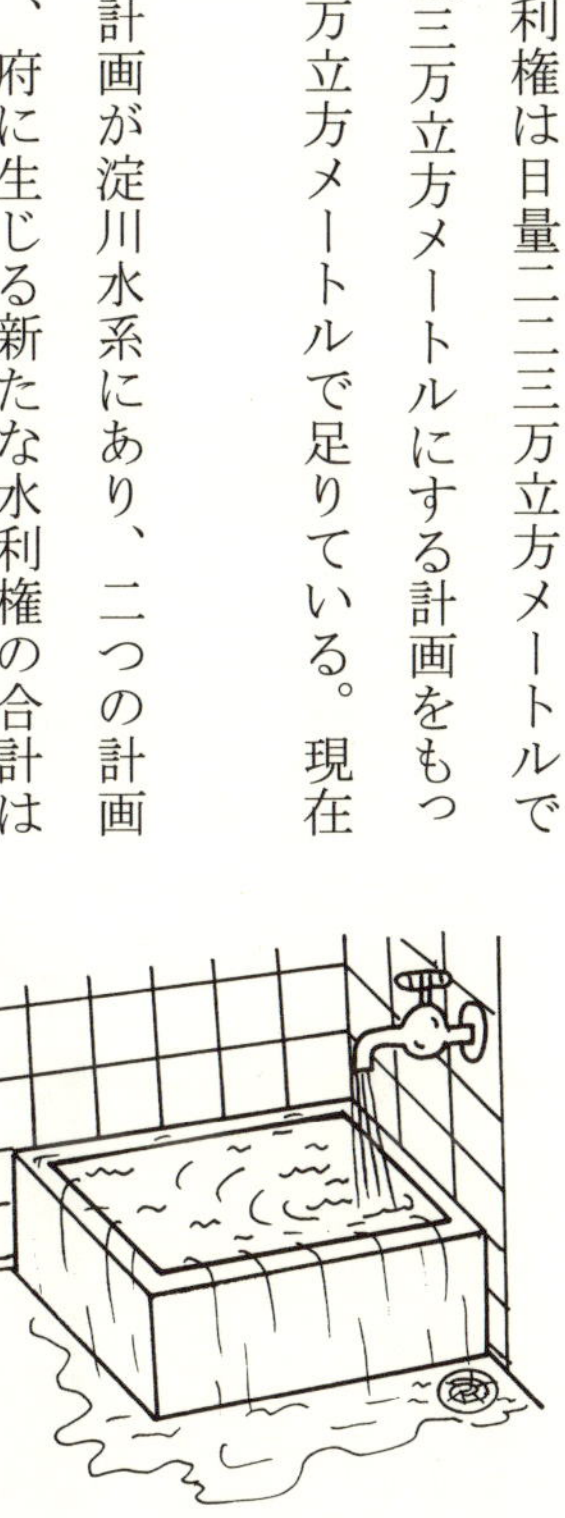

の要素が強かったと私は見ている。

　嶋津暉之氏は著書『水問題原論』（北斗出版）で、利根川水系の水道用ダムについて、克明な数値を挙げながら「つくられた渇水」を指摘している。

　大阪の私も「つくられた渇水」の一端をはからずも知る機会があった。少雨のため琵琶湖で水位が一二〇センチ低下した一九九四年、山田さんや加藤さん仲間たちと渇水の湖を廻った。滋賀県の展示館「アクア琵琶」のロビーの一隅に、経年月別の琵琶湖の放水量を記録した手書きグラフが張ってあった。若い研究者のNさんがそれを眺めていて突然、「これは何や」と叫んだ。グラフをカメラにおさめ、検討した。

　琵琶湖の自然の放流口は瀬田川のみである。瀬田川に設けた洗堰《あらいぜき》*によって、降雨量や利水状況に合わせて放水量を調節し、水位を調整している。琵琶湖は自然の湖でありながら、人工のダムと同じく水門操作で管理される巨大な水がめなのである。冬期には梅雨に備えて放水量を増やし、雨水の受け入れ分だけ水位を下げる。冬の段階で梅雨期の降雨量は予測できないので、例年一定量を放流し一定水位にしている。

　グラフは、渇水前の冬はなぜか例年より放水量を増やし、湖の水位をとくに低下させたことを示していた。水位をうんと下げておいて、雨の少ない夏を迎えたらどうなるか、だれでも結果は分かる。例年通り放流して、例年通りの水位にしておけば、湖が一二〇センチも干上がったり、水が汚れたり、下流が取水制限することはなかった

◀洗堰がある瀬田川の風景

＊**堰**（せき）　下流の水位または水量調整のために、両岸にまたがってつくられる水門。

のである。つまり、人為的につくられた渇水であった。

　そのとき私は、嶋津氏がこれと同じことを利根川水系のダムについて書いていることを、生々しく思い出した。あらかじめ過剰放流して水位を下げ、渇水を演出するやり方である。嶋津氏は行政データを用いて厳密にそれを証明している。「ダムは水が目的でつくるのではない。ダムをつくることが目的でつくられるのだ」という氏の発言がある。東京都の水源地域にどれだけのダム計画が林立していることだろう。

　水余りというのに、琵琶湖淀川水系全域でも複数のダム計画がある。渇水現象は、利根川水系と同じく、琵琶湖淀川水系でも作られなければならなかったのだろうか。

　新たなダム建設の必要性をアピールするのに、人為的に管理できるダムは都合よくできている。冬期のダム放水を増やして貯水量を減らし、水をよく使う夏の水不足を演出することは容易だ。ダムが足りなくて渇水になった、もっとダムを作ろうという論理は、渇水のつらさを経験した住民に対してまことに説得力がある。

　しかし、渇水さわぎはほどほどにしなければならない、あまり深刻だと狙ったことが逆効果になる。渇水のつらさが骨身にしみて節水型ライフスタイルが定着すると、ダムを作っても水需要が上がらず採算はとれず、次のダム計画も立てにくくなる。

　福岡市は記録に残る大渇水を経験した。渇水は、筑後川大堰という大規模な水資源開発事業の推進力にもなったが、一方、福岡市民の水に対する意識改革を徹底させ、

◀滋賀県庁前にある琵琶湖現在水位の公示板

福岡市を全国一の節水都市にした。

水がダブついている自治体は、住民が水をたくさん使ってくれなくては困る。しかも、次のダム計画が控えているからには、「喉もと過ぎれば熱さ忘れる」ていどの渇水さわぎが適当である。首都東京の渇水はちょうどいい大きさで喧伝された。群馬県にある東京都の水道用ダム一か所が選ばれ、テレビは水位の低下状況を連日全国に放映した。自らは渇水の痛みがないままに全国民は、渇水の痛ましさを体感する思いで湖底が出現しつつあるダムの映像を見た。このように書く私は拗ね者だと思われるか。

消費者はもうダムはいらないと大声で言おう。地下水をもっと使えと言おう。そして節水しよう。牛耳られた水の悪循環に巻き込まれるのは、もう御免だ。

水が農業を守り、農業が水を守る

農業用水は、工業用水と生活用水を合わせた二倍使われていると知って、いやいや、昔はもっと使っていたはずだ、今は農業用水の需要は以前に比べて減っているに違いない、と言う人がいるかも知れない。減反と自由化で水田が激減し、畑地も近年やや減少傾向にある日本では、以前に比べ農業用水の使用量は減っていると思うだろう。

ところがそうではないらしいのだ。減反で水田は歯抜け状態になり分散したため、湛水するのが非効率になったし、反復利用つまり上の田から下の田へと順に水を流すリユース利用もなくなった。水田は減っても、田に水を張る時期は水路の水位を保たなければならないし、圃場整備やハウス栽培など生産性向上などによって、反あたりの水需要量は増している。これについては、第5章に詳しく書かれている。

この四半世紀の日本の農業用水の使用量はやや上向きかげんの横這い状態である。しかし私は次の理由で、実際には激増していると考えてもいいのではないかと思う。日本の使用量には、輸入によって手に入れた食糧を生産するのに使われた、輸出国の農業用水も加算すべきではないか。日本に輸入されている大豆、小麦、トウモロコシなど穀物の生産だけでも、灌漑水は年間五〇億立方メートルを要するのである。輸入食品全体に要した灌漑水を入れると、私たちが世界からどれだけ大量の水を収奪しているか想像に難くない。

表3－6から、世界各地域の水使用量を比較してみよう。食糧輸出地域の農業用水の使用量が、量だけでなく率も高いことがわかる。

日本の水問題は、今や地球全体と切り離しては考えられない。私たちは世界とのつながりの中で自国の水問題を把えると共に、日本の自立と安全のために国内の水政策をどうすべきか考えなければならない。

食糧輸入大国日本にとって、食糧の国際市場は、お伽噺に出てくるいくらでもコメが湧き出る器のように、いつまでも安心して頼れる食糧源だろうか。

表３－６　世界の地域別水使用量（1995年）

	人口	**水使用量**（10億㎥）				**1人あたり使用量**（l/日/人）	
	（100万）	生活用水	工業用水	農業用水	合計	生活用水	合計
ヨーロッパ	686	70	228	199	497	280	1985
北米	455	71	266	315	652	425	3924
アフリカ	743	17	10	134	161	63	593
アジア	3332	160	184	1741	2085	132	1714
南米	326	33	19	100	152	274	1273
オーストラリア・オセアニア	30	3	7	16	26	305	2407
合計	5572	354	714	2505	3573	174	1756

＊1996年世界気象機関発行資料より作成

食糧生産のカギを握る農業用水は、すでに世界の全耕地面積をうるおすに足りなくなった。

表3−7によれば、母なるナイルを持つエジプト以外の国々が灌漑用水の不足に直面している。巨大な食糧輸出国であり、日本の大手穀物輸入先であるアメリカや中国も例外ではない。中国については、施策を改善して利用効率をあげる余地ありと見ても、アメリカではどうなのだろうか。地下水は底をつきはじめ、お天道さま頼りの降水量は人力でどうすることもできないので、バイオなど新しい技術開発の分野に、世界をリードする食糧輸出国としての意地と救いをかけているのではないか。

中央アジア五か国の中で最も豊かなウズベキスタンは、灌漑用水に恵まれた農業国である。冷戦時代、ソ連はアメリカの綿に対抗するために、アラル海に注ぐシルダリヤ、アムダリヤの二大河の水を運河によって砂漠に引き入れ、中央アジアに綿の大生産地を現出した。ウズベキスタンの農業が維持される一方で、川の水がとどかず縮みゆくアラル海と、アラルのほとりにあってかつては豊かだった国土を、塩化と砂漠化で失いつつあるカザフスタンの現実がある。

灌漑水は足りているとはいえエジプトもまた、アスワンハイダム*によって破壊された自然環境の報復から免れてはいない。ダムは農業には役立っても、漁業には大きな損害を与えたのだから、食糧生産の収支決算ではそれを考慮しなければならない。

◀緑豊かなウズベキスタンの農場

＊アスワンハイダム
一九六〇年起工。工期十一年。ナセル政権の命運をかけた大事業。このダム建設のためにソ連から四億ドルの借款と多くの技術支援を受けた。高さ一一一メートル、長さ三八〇〇メートル、水門一八〇門、一二基の水力発電装置が二一〇万キロワットの電力を供給する。「エジプトの母」とも呼ばれるナイル川の河口から九〇〇キロのところにある町、アスワンに造られた。このダムによりナイルがせきとめられたことで、毎年ブルーナイルから供給されていた栄養豊かな土が下流まで到達しないようになった。この結果、ナイル河口付近の漁業は壊滅的な打撃を受けた。

世界人口は膨張しているのに、自然環境の変化も伴って水不足、砂漠化、塩化が進行し、灌漑面積の拡大は進まない。世界の灌漑水事情を知ると、食糧の大部分を輸入に頼っている日本としては、背筋の寒くなるような未来図をかいま見る思いである。日本はいつまで他国の耕地と水に頼れるだろうか。食糧の自給率を高めることは緊急課題ではないだろうか。

二一世紀をリードする産業を羅列する言葉は、日本中にあふれている。情報化、バイオテクノロジー、高齢化医療、ナノテクノロジー、ロボット、エネルギー革命など新しい技術開発の分野が次々と披露される。しかし、その中に農業の二字はない。

いずれ人類は、汚れた外気から身を守る遮断されたカプセルの中に入り、浄化装置からの空気と水を摂取し、バイオテクノロジーが

表3－7　灌漑面積上位国と世界合計

国	灌漑面積 (100万 ha)	灌漑されている耕地の割合 (%)
インド	50.1	29
中国	49.8	52
米国	21.4	11
パキスタン	17.2	80
イラン	7.3	39
メキシコ	6.1	22
ロシア	5.4	4
タイ	5.0	24
インドネシア	4.6	15
トルコ	4.2	15
ウズベキスタン	4.0	89
スペイン	3.5	17
イラク	3.5	61
エジプト	3.3	100
バングラデシュ	3.2	37
ブラジル	3.2	5
ルーマニア	3.1	31
アフガニスタン	2.8	35
イタリア	2.7	25
日本	2.7	62
その他	52.4	
世界	255.5	17

*世界食糧農業機関1997年資料

産み出した栄養源で生命をつなぎ、画面や空間に浮遊する人工的な映像を楽しみ、生殖と健康状態を管理されながら、異常な脳と細い手足を持つ生命体として存続することになるのだろうか。このままだと究極的にヒトが行き着く先は、そのように思えてならない。

私は、科学技術は自然の恵みを上回るものではないと頑固に信じている。きれいな空気と水と土と、そこから産み出される健康な食べ物によって生きたいと願っている。

水が直面している危機は、この素朴な願いをぶち壊しかねない。

日本には、幸いにも取り返しのつかないような大きな水環境破壊は、まだ起こっていない。耕地を失いつつあるといっても、日本は世界の上位二〇番目に仲間入りしている。減反政策にもかかわらず、灌漑面積はまだ六二パーセントを保っている。しかも、前に述べたように、耕地面積を増やしても水使用量はそれほど変わらないと考えられる。むしろ、水田の保水能力を考えるとき、水の利用効率は上がるのではないか。

本来日本農業が持っている伝統的な知恵と工夫、農山村共同体の役割、耕地管理方法と水の有効利用、有畜多角経営、終身就労、災害防止、自然保護などを活かし、そこに新しい農業技術を注入するならば、水と食糧の面だけにかぎらずさまざまな利点が得られるだろう。農業用水は、その膨大な量によって、農産物の生産だけではなく、自然環境や水環境に与える影響が非常に大きい。

日本は工業立国と同時に、農業においても自立の方向に進むべきである。

地下水は企業の私水か

これまで、工業用水は生活用水よりも大量に水を消費すると思われてきた。使用量は確かに生活用水をしのぐが、リサイクル利用によって消費量は大幅に減っている。**表3－1**によると、工業用水の取水量は一三七億立方メートル、これを一部は加工浄化して用いているとすれば、ロス分を差し引いて多分一二〇億立方メートルていどが有効水量と考えられる。

また、工業用水を以前ほど大量に必要としなくなった背景には、水の大量使用や高度汚染につながる職種も含めて、途上国など海外に工場を移転した事情がある。

現在、バブル後の不景気のため、全国的に工業用水の使用量はいっそう減少している。さらに、一九九二年のリオ地球サミットで採択されたアジェンダ21*が、企業に環境マネジメントの実施を促し、回収使用や雑用水利用など、多くの工場やオフィスで有効利用や節水努力が実施されるようになってきている。工業用水の分野で開発されたリサイクル利用、雑排水利用などの手法や技術は、都市の雨水利用などと共に生活用水の分野においても見習い、取り入れられるべきである。

ところで、ここでとくに取り上げたいのは、工業用水としての地下水利用である。

＊アジェンダ21
アジェンダとは「課題」、「今から取り組んでいくべき課題一覧」のことであり、「アジェンダ」とは、「21世紀にむけての課題」という意味で用いられている。一九九二年の「地球サミット（環境と開発に関する国連会議、ＵＮＣＥＤ）」では「環境と開発に関するリオ宣言」、「森林に関する原則声明」、「アジェンダ21」の三つの文書が合意された。

日本は地下水利用が少ない国である。平成一〇年の地下水使用量は全体で一〇九・六億立方メートルで、用水全体に占める利用割合は約一二パーセントの低率である。地下水の利用比率を見ると、農業用水全体の中で地下水は約五パーセント、生活用水では約二三パーセントであるのに対して、工業用水では約三〇パーセントと最も使用率が高い（**表3－2**）。ただし、農業用水と工業用水については、原水の取水量を計測している生活用水と違って、推定値である。

農業用水の地下水使用率、厳密に言うと推定使用率は低いが、もっと使ってもいいのではないかと思うし、実際には推定量よりも多いのではないか。そして農業は、地下水を使いながら同時に涵養機能の役割も担っている。

しかし工業用水ではどうか。地下水脈から吸い上げて使った後は、再び大地に戻すのではなく、川や下水道に放流してしまう。川は地下水を涵養するよりも、水を早々と海に排出させる機能が中心だ。下水道は下流でまとめて処理・放流するので、さらに地下水涵養機能が乏しい。

使っていないためか国民も地下水に対して関心がうすいし、調査研究も進んでおらず、実態はあまり把握されていない。

地下水の汚染事故が発生する度に、汚した業者や実態を把握していない行政を批判する言葉が一時的に人々の口の端にのぼって、やがて消えていく。

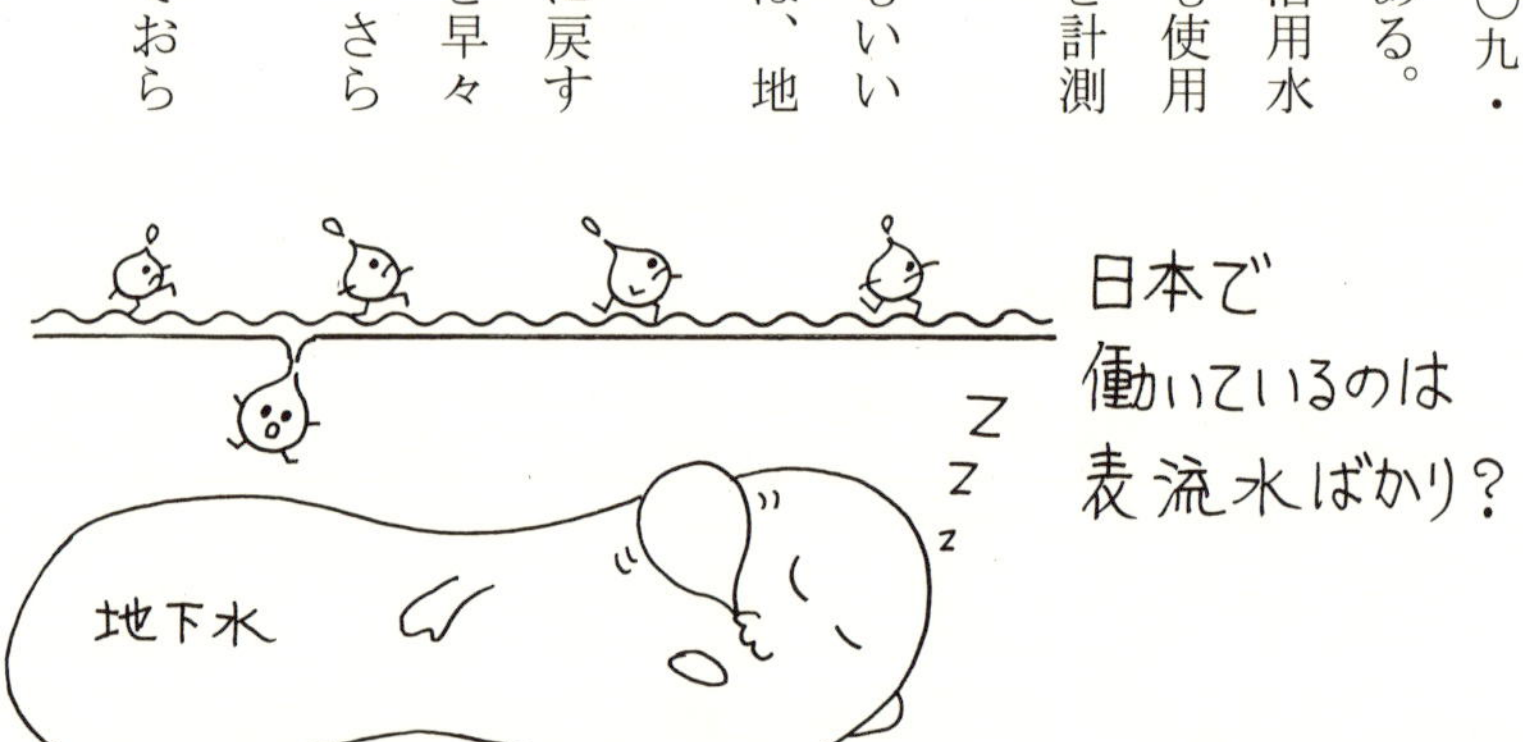
日本で
働いているのは
表流水ばかり？
Z
Z
z
地下水

遅れている地下水調査は、皮肉なことに事故が生じる度にわずかながら進展する。例えば、兵庫県の東芝太子工場から有機溶剤のトリクロロエチレンが地下浸透して、人家の飲料用井戸を汚染した事故があった。この時、工場周辺では、隣接しながら汚染されなかった井戸、かなり遠方にもかかわらず汚染された井戸があって、汚染井戸を辿ることによって付近の地下水脈が初めてつかめた。

工業用水に地下水が多く使われる原因は、地下水がタダだからである。公の水利権もなく、水代を払う必要もない。もちろん、自治体によっては独自に取水量に応じ料金を徴収している例外もある。しかしその場合でも、河川水の値段に比べておどろくべき安価である。河川水の水代の内訳を見ると、ダムなどの水資源開発費とそのための起債の利息だけで金額の大半が占められてしまうので、どうしても料金が高くなるのである。

そこで企業は自社の敷地内に井戸を掘る。掘ってしまえば後はどうせタダの水だから、これまで大半の工場が放縦に水を使い捨ててきた。こうして工場で使われる水量は、家庭で使われる量とは比較にならないほど多い。なまじっかな水脈は、いやなまじっかでなくても長年汲み上げ過ぎると井戸は涸れてしまう。涸れると、工場はもっと深い井戸を掘る。それが涸れるとさらに深層の水脈に掘り下げる。同じ水脈を井戸にしてきた民家では、先祖代々使い続けてきた浅井戸が干上がる。個人には深井戸を掘るだけの財力はない。井戸は財産なのだけれども、涸れたからといって何の補償もなく、一帯の住民は泣き寝入りである。水道局はダブついて困っている水道水が売れるので、喜々として水道管を引きにくる。

自治体によっては、企業の回し者ではないかと疑われるような行政もあると言う。豊富で良質の地下水を持つ地域に、地下水を目当てに複数の大企業の工場がやってきた。市や町の水道水源も地下水だった。そのうち上流にダムができ、市や町はダム水を買うことになった。上水道はダム水に切り替えるが、工業用水はこれまで通り地下水を使わせると言う。市や町の住民は憤慨して役所に抗議したので、ある市では対策の一つとして、今まで無料だった工業用水の地下水に、取水量に応じてわずかながら料金を課すことにした。それだけで工場は大幅に水の使用量を減らしたそうだ。

地下水は公水であることを法律で明確にし、妥当な水代を徴収することにしたい。工場が私水意識で地下水を使うから、工場排水などに含まれる有害物が浸入する事故も多いし、その発見も遅れる。河川と同じように、水脈を調査し水質も点検して、地下水の全貌を一日も早く明らかにしてほしい。そうすれば、事故も減り、万一の場合も手が早く打てるようになるだろう。地下水はひとたび有害物質で汚染されると、早めに対処しない場合、水質の回復が非常に困難である。

地下水にあまり重きをおいていないから、地下水源の汚染事故が発見されると、水

道事業体は、安全性を口実にしてすぐその井戸を封鎖してしまいたがる。直ちに汚染井戸から水をどんどん汲み上げて、混入した有害物を排出すべきなのに、それをしないから有害物は水脈を流れて拡がり、最後にはその地下水脈全体を汚染してしまい、貴重な地下水源が一つ台なしになる。

大阪府高槻市水道局は府水と自己水を混ぜて供給している。以前、自己水源の井戸が有機溶剤で汚染されていたことがわかった。浄水場は水質検査をしているから、汚染がわりと早く発見される。大阪府営水道は、汚染井戸を閉鎖して府水を買えと言ってきた。高槻市はこれを拒否して、井戸水を空気にさらし有機溶剤を蒸発させて使い続ける方法を選んだ。賢明な対応である。

今のままでは、地下水が浪費されたり汚染されるのを、手を拱いて見ているしかない状態である。早急に公水としての法制化を進めて、ダムによる水資源開発の発想ばかりでなく、この自然の大きな地下ダムの活用と、同時に地下水の涵養を真剣に考えるべきである。

これまでの下水道は、事実上「何でもどんどん受け入れ、一括処理して、放流・処分する」集合処理システムでした。このため、処理水や泥の利用・用途が限定され、「捨てるための処理」になっていました。

また、これまでの下水道は、工業界重視の投資をするとともに、人口や水量が低密度の区域をも処理対象にしたため、投資効率が悪くなり、赤字経営を余儀なくされています。日本全体の汚水処理事業の赤字は一九九九年度には八八〇〇億円に達しています。

今後、地球環境問題や高齢化・人口減少社会、「受益と負担の公平」などに対応するためには、流域自治やまちづくり、農漁業などとの連携を前提に、「住民と行政のパートナーシップ」をすすめ、縦割りの下水道ではなく、発生源循環システムを基本に、計画の見直しや施設の更新を行なうことが重要です。

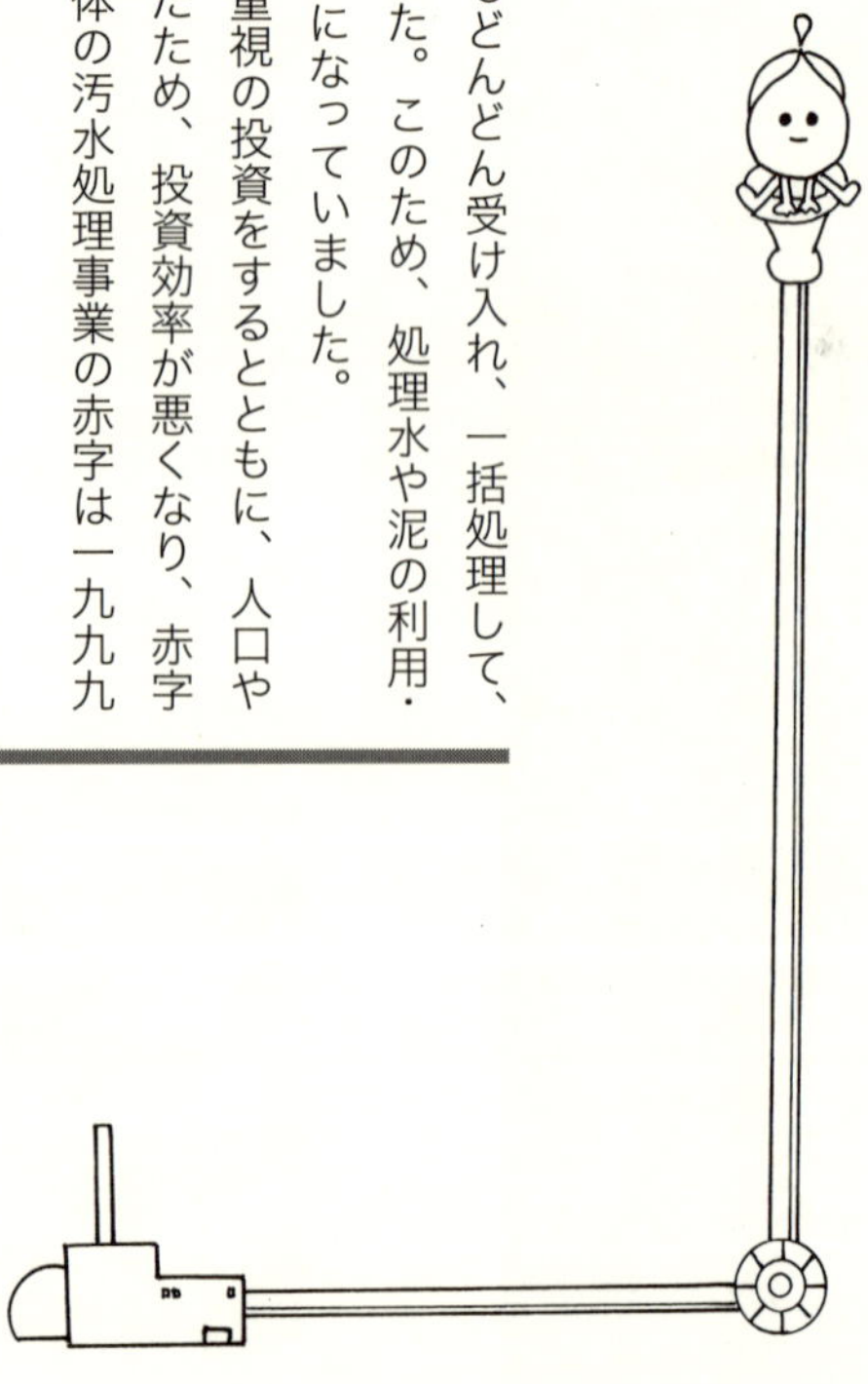

下水道が、水循環破壊と財政の破壊をひきおこしています。財政破壊は決算等を分析すれば数字で結果が出てきますが、水循環破壊は数値化がむつかしく見えにくいのが現状です。その水循環のほうから見ていくことにしましょう。

川の水は流域の上流部で用水に取水されることが多く、また、開発や森林・農地の荒廃で保水力が落ち、渇水と洪水の振幅が大きくなったり水質が悪化したりすることがあります。これに追い打ちをかけているのが下水道です。

川を涸らす下水道

■川の水量が一割以下に（横浜と名古屋の例）■

下水道が整備されて川がきれいになったというＰＲはよく聞きます。川に流れていた生活排水などが下水道というバイパスを通り、川に入らなくなるので、川がきれいになるのは当然ですが、同時に川の水量が減少するという事態を招いています。

図４－１は横浜市の大岡川の例です。水質の指標であるＢＯＤ*が下水道普及率の向上につれて改善されていますが、同時に河川固有水量がどんどん減少していることが分かります。一九八九年の河川固有水量は七四年の三パーセント程度しかありません。大岡川の流域は三つの処理区域に分断され、各区域の排水はいずれも海岸部の処理場で放流されています。

＊ＢＯＤ（**生物化学的酸素要求量**）微生物が有機物を分解するのに必要な酸素の量を表したもの。有機物の量が少ないほど、ＢＯＤの値は小さい。

図４－２は名古屋市の山崎川の例です。これも同じように一九八〇年度の河川流量は下水処理場処理開始時（一九六九年）以前の一割ほどに減っています。

■水のない川（京都の例）■

この大岡川と山崎川のように水量が報告されている例は少ないのですが、私たちは身のまわりで水が涸れた川をよく見かけます。

京都の代表的な川の一つだった堀川。今はほとんどが蓋をされ道路になっています

図４－１　横浜市大岡川における
河川固有水量と下水道普及率

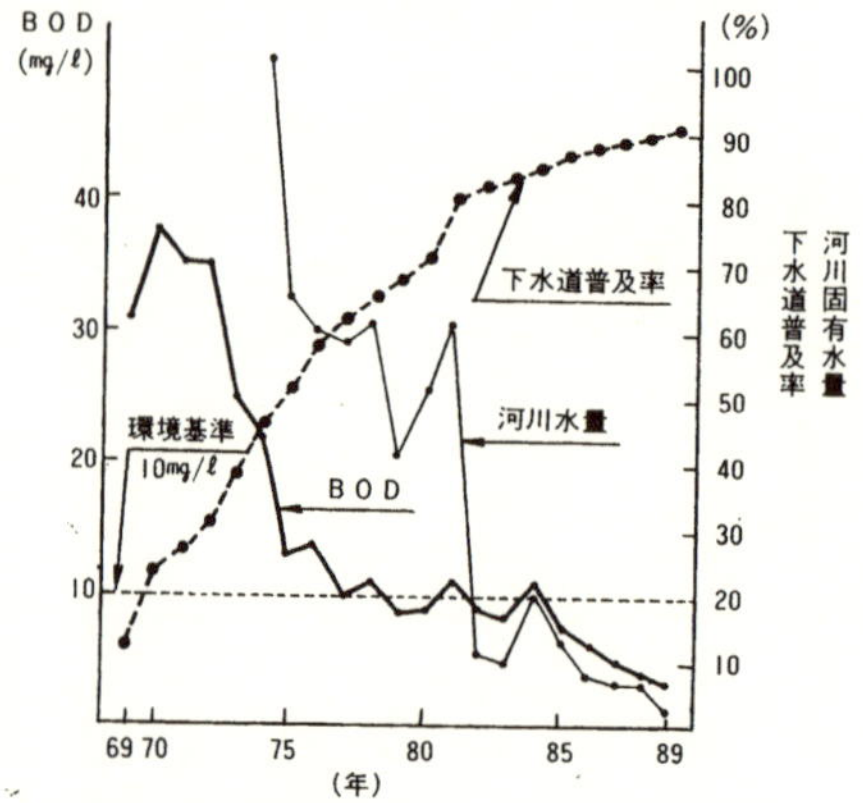

＊河川水量：1974年の流量を100％とした場合
＊『日本下水道新聞』1992年1月27日号

図４－２　山崎川（かなえ橋）の水質と
流量の経年変化

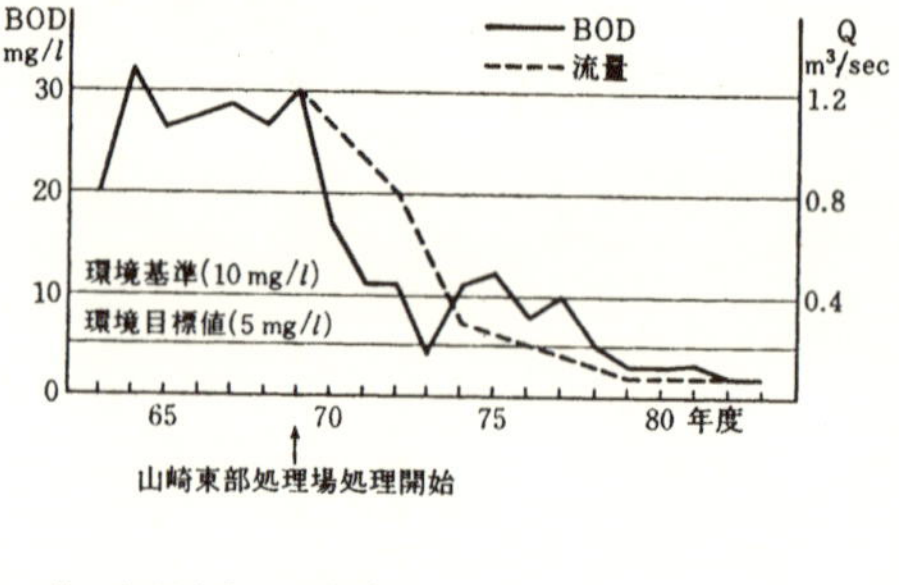

＊『公害研究』1986年春

が、二条城付近は蓋がありません。しかし、川はガランとしていて、川底に作られた溝に少し水があるだけです（図4−3）。堀川は雨水放流に役立つにすぎません。

西高瀬川もそうです。山ノ内から壬生《みぶ》・西大路《にしおおじ》をへて吉祥院《きっしょういん》まで西高瀬川にはほとんど水がありません（図4−4）。下流部で豊かに流れる水を供給するのは京都市の二つの下水処理場（吉祥院処理場と鳥羽処理場）です。

京都市の下水道普及率は九九年度末で行政人口の九九パーセントです。京都市内の生活排水や事業所排水はほぼ全量が下水道を経由してまとめて下流で放流されます。

■川がなくなる（大阪の例）■

水が減っても川が存在すれば、どこかで水を工面すれば川を復活できるかもしれません。

図4−3　京都の堀川（二条城付近）

川の中に溝があるが水はわずか。

図4−4　京都の西高瀬川（三条西大路付近）

川底の隅の溝にも水がない。

しかし大阪市では高度成長期に多くの川や堀が埋め立てられ、地下は下水管や駐車場、地表は道路や駐車場、頭上に高速道路がのしかかっているところもたくさんあります。川の復活は望めそうにありません。

一九六〇年前後、企業排水による汚濁の著しかった川や堀は「治水上問題のないものについては順次埋立を行なう」という大阪市土木局（当時）の方針によって埋め立てられました。大阪市では浸水対策の緊急度が高かったため、他都市に比べ早くから下水道を整備してきました。ちょうど高度成長の真っ最中、急速なモータリゼーションへの対策、河川汚濁への対策、浸水対策の三つの対策として河川の下水道化が選択されたようです。

これがもし、一九七〇年の公害国会以後なら、汚濁した河川を浄化しようとしたでしょう。七三年のオイルショック以後なら、大きな投資をためらったでしょう。ところが大阪では七〇年の万国博覧会をめざして、道路も鉄道も下水道も土砂降りのような建設を続け、突貫工事でなんとか博覧会に間に合わせました。*

埋立ての結果、かつては「水の都」「八百八橋」といわれていた大阪には、地名だけの川・堀や橋がたくさん残ることになりました。境川・長堀・立売堀《いたちぼり》・江戸堀・京町堀・心斎橋《しんさいばし》・四ツ橋・出入橋《でいりばし》などです。

*間に合わせたとは言っても、下水道でいうと、当時、大阪市の下水処理場一二か所一六系列のうち一一系列は沈殿処理しかしておらず、全系列で生物処理を行なうのは八二年以降です。「処理施設を整備する余力がなかった」とも「水質より使用料収入を優先した」ともいえるでしょう。

地下水を奪う下水道

■不明水とは？■

処理場の汚水処理水量のうち下水道使用料の対象となるのが有収水量です。処理水量が全部有収水量なら無駄がなくてよいのですが、汚水処理水量より有収水量のほうが少ないのが現実です。この差を不明水と呼んでいますが、その多くは地下水だと考えられます。水道管の場合は水圧がかかっていますが、下水管は自然流下なので管の継ぎ目などから地下水が浸入するのです。

不明水が多いとポンプの動力代など余分の経費がかかるだけでなく、地下水が奪われて地域の水循環に悪影響を与えるおそれがあります。川を涸らす原因かもしれません。

では、下水道にはどれくらい不明水があるのでしょうか。

表4－1は『地方公営企業年鑑』のデータから計算した大都市（東京都区部と政令指定都市の合計一三都市*）の不明水量・不明水率・不明水強度です。不明水量は「汚水処理水量マイナス有収水量」、不明水率は「不明水量÷汚水処理水量」、不明水強度は「不明水量÷管渠延長」で計算したものです（**表4－1**には汚水処理水量と有収水量の掲載を省略しました）。なお、汚水処理水量に雨水処理水量を加えたものが年間総処理水量です。不明水には直接の雨水は含まれていません。

＊全国統計を使わないのは、小規模事業では「汚水処理水量＝有収水量」となっているものが多く、全国統計のデータの信頼性が低いからです（不明水がゼロということは考えにくい）。

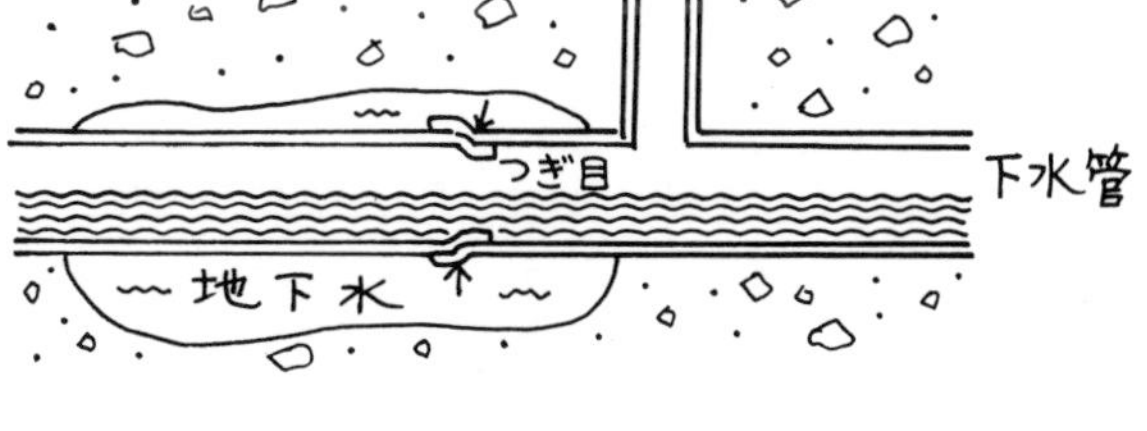

■不明水率は札幌、不明水浸入率は大阪が最悪■

さて、大都市の不明水は合計で年に九億立方メートルを超えています。一日あたり二五二万立方メートルですが、この数字は大阪府営水道が計画している一日最大給水量（二五三万立方メートル。約五一〇万人の生活用水と営業用水）と同じ水準ですから、半端な量ではありません。

都市別に見ると、東京・横浜・名古屋・大阪の四都市が一億立方メートルを超えています。不明水がいちばん多いのは大阪市です。不明水率がいちばん高いのは札幌市（三〇パーセント）で、最も低い神戸市（六パーセント）の約五倍もあります。

なぜこんなに格差があるのでしょうか。そもそも、不明水は下水道計画ではどのように扱われているのでしょうか。

下水道計画では地下水などの不明水量として「生

表４－１　下水道の不明水等（1999年度）

都市名	不明水 1000㎥/年 A	不明水率 % B	管渠延長 km C	不明水強度 ㎥/m/年 D＝A/C	合流管比 % E
東京区部	163,933	11.6	13,944	11.8	89.1
札幌市	88,524	29.7	5,655	15.7	66.6
仙台市	25,611	18.8	2,921	8.8	19.2
千葉市	15,557	16.9	1,767	8.8	14.1
横浜市	103,921	21.2	7,791	13.3	40.4
川崎市	34,341	19.2	1,996	17.2	41.3
名古屋市	109,610	27.9	7,095	15.4	67.1
京都市	88,981	29.1	3,774	23.6	47.1
大阪市	172,091	25.8	4,693	36.7	99.3
神戸市	11,616	6.0	3,720	3.1	2.4
広島市	26,775	20.8	2,206	12.1	37.1
北九州市	43,928	28.6	3,487	12.6	23.5
福岡市	36,030	20.5	3,603	10.0	19.5
計・平均	920,918	19.9	62,652	14.7	55.2

＊C：管渠延長は未供用を除く合流管と汚水管の計。平均は加重平均。
＊D：不明水強度の単位は「1000㎥/km/年」を換算し「㎥/m/年」とした。
＊E：合流管比は「合流管÷（合流管＋汚水管）」。資料『地方公営企業年鑑』。

活排水と営業排水の合計の一〇〜二〇パーセント」を見込むのが一般的です。はじめから一〜二割もの無駄を見込むとは少々驚きですが、札幌市や京都市など八都市はその二割をも超えています。

ところで、地下水は主に管渠や枡《ます》の継ぎ目や破損部分から浸入すると思われるので、管渠延長が長いほど不明水が多くなると考えられます。そこで、管渠延長一メートルあたりの不明水量を計算し「不明水強度」と名づけました。地下水の浸入しやすさの指標です。

不明水強度がいちばん高いのは大阪市です。いちばん低いのは神戸市です。神戸市は震災（一九九五年一月）を受けているので不明水強度が他より高いのではないかと思いましたが、まったく逆でした。不明水率の高かった札幌市は不明水強度では一三都市の平均と同じ水準です。いちばん高い大阪市は神戸市の一〇倍以上あります。

■不明水強度が高い理由■

大阪市の不明水強度が飛びぬけて高いのはなぜでしょうか。不明水のことなので確実なことは分かりませんが、考えられる理由は次の三つです。

①大阪市は地盤が低く地下水位が相対的に高いため、地下水と下水管の接触機会が多い。

②大阪市の下水管はほとんどが合流管で（**表４－１**のE列）、管径の大きい管渠の比率が他都市より高く、そのため同じ延長の管渠でも地下水との接触面積が大きくなり、浸入の確率が高くなる。

③大阪市の下水道の面整備は他都市よりも一〇～二〇年先行しているが、その分、老朽化がすすみ管渠の継ぎ目のズレや破損が多い。

この他に「水量の測り方」の問題があるかもしれません。つまり、有収水量や汚水処理量の数字がどの程度正確かという問題です。しかし、この点については『地方公営企業年鑑』からは具体的な情報はえられません。

なお、**表４－１**にある大阪市の不明水強度は三六・七m^3／mですが、これは年間値です。一日あたりにすると〇・一m^3／m、つまり平均すると管渠一メートルあたり毎日一〇〇リットルの不明水があるということになります。

雨天時の下水の実態

■合流式と分流式■

下水道の集水方式には合流式と分流式があります。合流式は一つの管（合流管）で汚水と雨水を流す方式です。分流式は汚水を汚水管で、雨水は雨水管（または水路）で流す方式です。

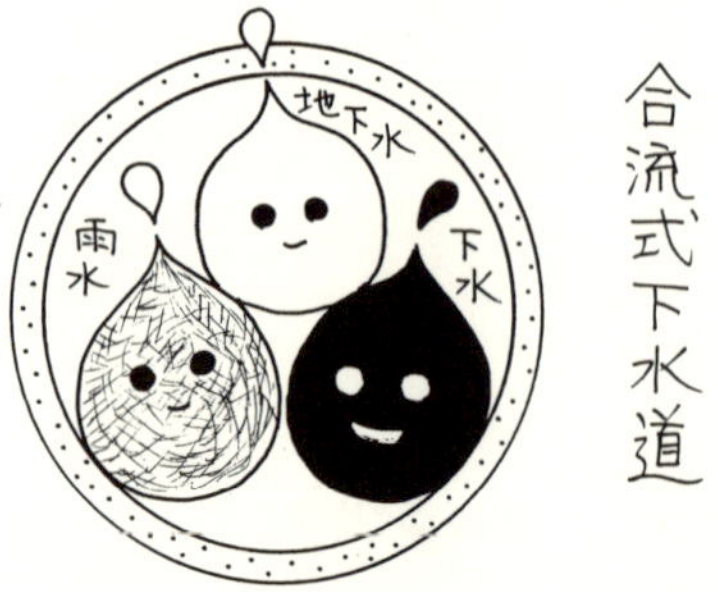

最近供用開始する下水道はほぼ全てが分流式ですが、高度成長期以前から下水道を整備してきた都市では合流式が多く採用されました（そういう都市でも新しい処理区は分流式にしている例も多い）。

いま、合流式下水道の雨天時の汚濁が問題になっていますが、環境によくない合流式が採用された理由は、汚水管と雨水管の二本をつくるより、合流管一本のほうが安くできることにあります（短時間に多量に流れる雨水を対象とする雨水管は、汚水を流す容量が十分ある。つまり事実上、汚水管が不要である）。

合流管の比率がどれくらいかを大都市の例で見ておきます（**表4―1**のE列）。合流管比（合流管＋汚水管に対する合流管の比率）は高い順に、大阪市九九パーセント、東京九〇パーセント、名古屋、札幌と続き、他は五〇パーセント以下で、いちばん低い神戸市は二パーセントです。

■雨水は処理しきれない■

合流式の初期雨水がなぜ問題になるのでしょうか。

晴天時、汚水は処理場で処理（最初沈殿→生物処理→最終沈殿）されてから放流されますが、雨天時は水量が多いのでとても全量を処理できません。そこで、たとえば、汚水相当量を通常処理、汚水相当量の二倍を最初沈殿（簡易処理）のみで放流、それ以上

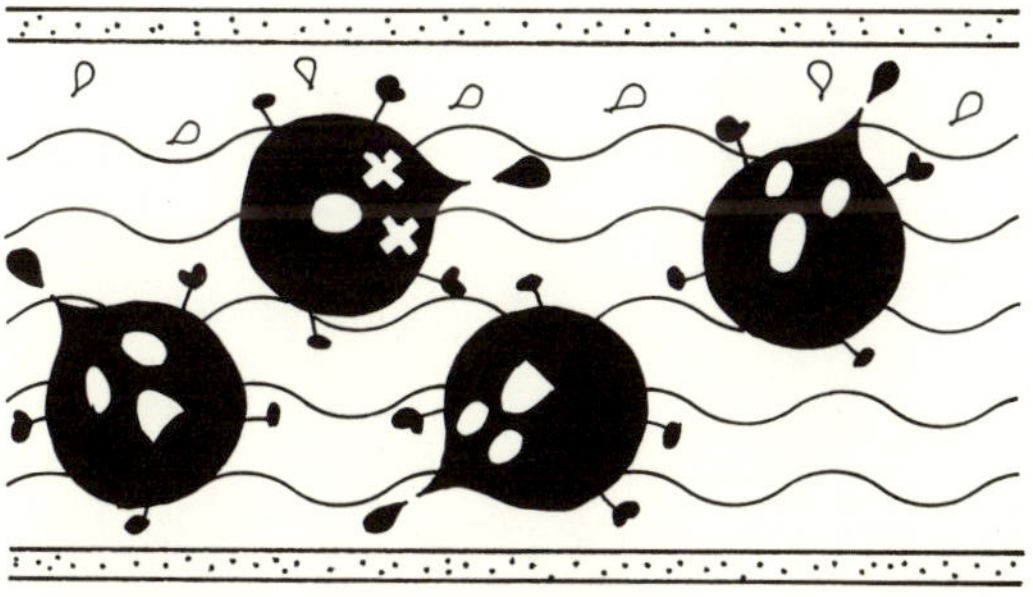
雨が降ると
合流式は
下水処理どころじゃない

の水量（汚水相当量の三倍を超える水量）は無処理で放流（雨天ポンプ）する、というような運転をしています。

合流管の中で汚水と雨水がきれいに分かれており、汚水をうまく処理施設に取りこめるなら、雨天時でも汚水はきちんと処理されることになりますが、現実には雨水と汚水は管内で乱流となって混合しており、さらに、晴天時に管渠などに堆積した汚濁物が雨の勢いで押し出されてきます。

この濁流を簡易処理や無処理で放流するため、汚濁が問題になるのですが、その汚濁の程度や影響は、降雨強度、先行降雨、下水道施設の構造や運転操作、放流先の水利用形態などによって異なります。

■晴天時負荷の三倍が雨天時に■

雨天時の放流負荷がどのくらいか、少し古い資料ですが、一九八八年の大阪市の調査事例を紹介します。

大阪市の下水道システムが晴天日に処理水として放流している浮遊物質*（ＳＳ）は年に約五五〇〇トンです。いっぽう、雨天時に放流しているＳＳは約一万七〇〇〇トンでした。晴天日の三倍を雨天時に放流しているのです。

この年度の処理場（一二箇所）のＳＳ除去率は平均九三パーセントと報告されていま

＊浮遊物質（ＳＳ）
Suspended Solids の略称。網目二ミリのふるいを通した試料を孔径一マイクログラムの濾紙で濾過したとき、この濾紙に捕捉される物質（水分を除く）をＳＳと定義している。細かい粘土粒子や動植物プランクトン、工場排水による有機物や金属の沈殿物などを含む。ＳＳが多いと、透明度などの外観が悪くなるほか、魚類のえらがつまって死んだり、水中への光が妨げられ、植物の光合成に影響することがある。

すが、これに雨天時の負荷を加えると下水道システム全体の除去率は七七パーセントに下がります。

合流式下水道における雨天時の汚濁を軽減するには、二つの対策が考えられます。一つは、晴天時に発生する汚濁を晴天時に処理する（管内堆積などをなくする）ことです。雨天時に放流される汚濁物量をあらかじめ減らしておくのです。もう一つは、雨水を処理することです。これには、雨天時にとくに汚濁の大きい初期雨水を処理場に取りこんで処理する方法と、雨水をいったん貯留してから処理する方法とが考えられます。初期雨水処理にはシビアな運転操作が、貯留にはかなりの投資が必要になるでしょう。

■分流式も怪しい■

合流式より分流式がいいかというと、それほど単純ではありません。

分流式の汚水流入量が雨天時に急増するという事例が各地にあります。二〇〇一年四月に供用開始したばかりの和歌山県の伊都浄化センター（紀の川流域下水道）を三か月後に見学しましたが「雨の日は水量が三割ほど増えることがある」とのことでした。また、滋賀県の湖南中部浄化センター（琵琶湖流域下水道。八二年供用開始）では「降雨時に流入水量が三倍に増えることがある。このため雨水放流ポンプを設置した」という話をききました。

分流式の汚水量が雨天時に増加する原因は、先に見たような地下水の浸入という要素以外に、汚水管と雨水管の「誤接合」が多いといわれています。もし、誤接合が原因で雨天時に汚水量が増加しているのなら、逆のケース、つまり、晴天時に汚水が雨水管に流れて(無処理で放流されて)いることも十分考えられます。

また、雨水は、クルマの油や粉塵、犬の糞、タバコの吸殻など、都市のさまざまな汚れを下水管に流しこみます。農村でも用排水分離により、栄養分が一回しか水田で利用されずに環境中に出ていくという現象もおこっています。

汚れを発生源から減らすことを考えないと、雨水や農業排水も合流式下水と同様の対策が必要になりそうです。

赤字は八五〇〇億円

『地方公営企業年鑑』によると汚水処理には公共下水道や集落排水、公営浄化槽など一一種類のメニューがありますが、全国統計ではそれぞれ、汚水処理経費より使用料収入が少なく、大きな赤字が出ています。

公共下水道は事業数が多く取り扱う水量も多いため赤字額も大きくなっており、九九年度は全国で約六八〇〇億円の赤字でした。他のメニューの赤字は公共下水道に比

べ小額ですが、それでも一〇種を合わせると一七〇〇億円程度あり、汚水処理全体の赤字は八五〇〇億円でした（前年度の赤字は八〇〇〇億円）。八五〇〇億円といっても実感が湧きませんが、これを府県の一般会計の歳出額と比べると、岐阜県（九七年度決算八三五〇億円。全国二二位）や京都府（八四六〇億円。二〇位）に相当します。

つまり、汚水処理の赤字は日本の中堅クラスの県の年間予算に匹敵する規模になっているということです。

借金残高三〇兆円

このような赤字の原因は主に資本費*が大きすぎることにあります。九九年度の汚水処理経費（維持管理費＋資本費）の全国合計は流域下水道の重複を除いて一兆九八〇〇億円ですが、このうち六四パーセントが資本費です。残る三六パーセントが維持管理費なので、資本費と維持管理費の比率はだいたい、二対一です。ということは、資本費が処理原価を三倍にしているということです。

資本費とは多くの下水道事業にとっては借金の元利償還金のことであり、資本費の大きさは借金の大きさを反映しています。

全国の下水道事業への九九年度末までの累計投資額は七一兆八〇〇〇億円ですが、この財源のうち三七兆六〇〇〇億円（五二パーセント）が自治体の借金です（他に国の借金が

＊**資本費**
起債の元利償還金。企業会計を採用している事業は減価償却費と起債の支払利息。

ある）。借金は少しずつ返済されていますが、返済額より新たな借金の方が大きいので毎年二兆円近く増加しており、九九年度末現在の借金残高は三〇兆二〇〇〇億円となっています（累計借金額の八一パーセント）。

借金残高三〇兆二〇〇〇億円は、九九年度の全国の下水道の営業収入（下水道使用料と雨水処理負担金など）二兆円の一五倍です（九〇年度は一二倍でした）。一五倍というと、年収七〇〇万円のサラリーマンなら一億円を超す借金です。たぶん誰も貸してくれませんし、借りても返せません。

また、この三〇兆二〇〇〇億円を、下水道を担当する全国の自治体職員四万三二〇〇人で割算すると、一人平均七億円になります（九〇年度は四億円でした）。返すあてがあるのでしょうか。

一般会計への影響

■職員給と比較する■

先に述べた汚水処理の赤字は、捨てておくと借金の返済が滞ったり、業務委託料や電気代が払えず汚水処理がストップしてしまうので、各自治体の一般会計からの繰入れで補填されています。一般会計はこのような補填をしても大丈夫なのでしょうか。汚水処理赤字の補填は自治体の一般会計にとってどの程度の重みになっているのか、

気がかりです。

そこで、その重みを測定するため、一般会計の職員給に対する汚水処理赤字の比率（赤字度と呼ぶ）を計算することにしました。職員給とは一般職員に支払う給料と手当（ボーナスを含み、退職金を含まない）です。一般会計の職員給を比較の対象にしたのは、個別の事業支出は自治体の政策選択によって変動が大きい（たとえば学校給食費は中学校でも給食をやっているかどうかで支出額がだいぶ変る）のに対し、一般職職員給は比較的共通性の高い項目であると想定したからです。

少数の事例では例外ということもあるので、一つの県、ここでは大阪府の全公共下水道事業（九九年度供用中の四四事業）を対象にします（**表4−2**）。

■大阪は収支均衡型事業が比較的多い■

大阪府の特徴は、全国平均より人口や事業所の密度が高く、下水道事業を早くから始めた市町村も多いことで、このため、全国平均より下水道の整備率が高く、処理原価が低くなっています。

この結果、大阪府には汚水処理収支の黒字事業が二つあるほか*、原価回収率九〇パーセント以上の収支均衡型事業が六か所あります。これら八事業の処理原価は八〇〜一四〇円で、世間並みの使用料水準で収支が均衡しています（赤字になっても一割程度の

＊**表4−2**のC列「差引」にマイナス符号がついている大東市と門真市。九九年度の公共下水道で汚水処理収支が黒字だったのは全国一二三九事業のうち一一か所だけ。

使用料値上げで黒字が可能)。赤字度も一パーセント程度で、まだ「傷は浅い」といえるでしょう。

■処理原価が高いほど回収率が低く赤字度が高い■

しかし、いっぽうでは、原価回収率が五割以下の事業が二三か所もあります。原価回収率が五割以下ということは、使用料を二倍以上に値上げしないと元がとれないということです。

表4―2のグラフ①は処理原価と回収率との関係を見たもので、処理原価が高くな

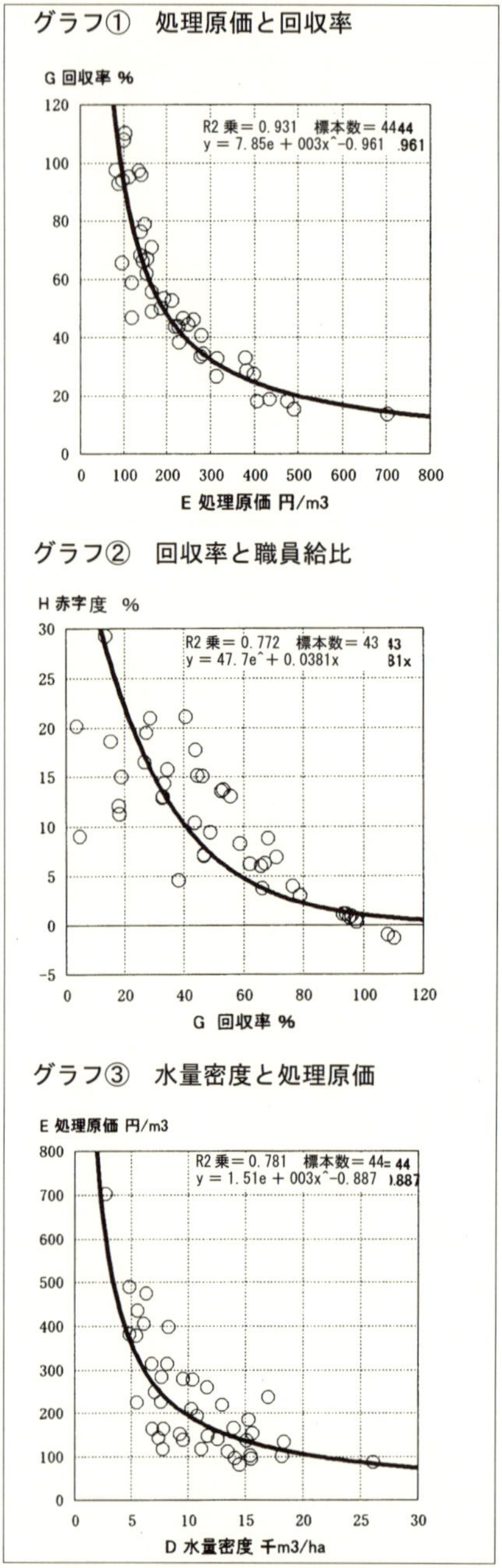

＊岬町と千早赤阪村は処理原価が800円を超えているため、グラフ①③の図から外れている。グラフ②は泉北組合を除く。

表４－２　大阪府の公共下水道と一般会計（1999年度）

	汚水処理費 100万円 A	使用料収入 100万円 B	差引 100万円 C=A-B	水量密度 1000m^3/ha D	処理原価 円/m^3 E	平均使用料 円/m^3 F	回収率 % G=F/E	赤字度 % H	職員換算 人 職員×H	
大阪市	43293	40272	**3021**	26.1	88	82	**93**	1.2	359	大阪市
堺市	13024	6860	**6164**	10.3	211	111	**53**	13.6	726	堺市
岸和田市	3387	1510	**1877**	7.1	250	111	**45**	15.1	222	岸和田市
豊中市	4843	3183	**1660**	15.5	96	63	**66**	6.1	203	豊中市
池田市	1077	1052	**24**	14.5	82	80	**98**	0.3	3	池田市
吹田市	4564	4297	**267**	14.1	97	91	**94**	1.1	31	吹田市
泉大津市	843	644	**199**	9.6	139	106	**76**	4.0	22	泉大津市
高槻市	4457	4277	**180**	12.6	140	135	**96**	0.9	20	高槻市
貝塚市	1030	340	**690**	5.4	380	125	**33**	13.0	82	貝塚市
守口市	2824	2752	**72**	18.4	134	131	**97**	0.6	8	守口市
枚方市	7013	3078	**3935**	13.0	219	96	**44**	17.7	473	枚方市
茨木市	4141	2825	**1316**	15.1	138	94	**68**	8.8	161	茨木市
八尾市	2255	1781	**474**	11.7	148	117	**79**	3.1	55	八尾市
泉佐野市	983	459	**524**	17.0	238	111	**47**	7.2	67	泉佐野市
富田林市	1258	616	**642**	6.9	165	81	**49**	9.5	78	富田林市
寝屋川市	3115	2091	**1024**	15.6	155	104	**67**	6.3	123	寝屋川市
河内長野市	1150	397	**753**	7.7	284	98	**35**	15.8	100	河内長野市
松原市	1638	549	**1089**	10.4	278	93	**34**	14.3	128	松原市
大東市	1120	1236	**-116**	15.5	103	114	**110**	-1.3	-14	大東市
和泉市	1098	728	**370**	7.4	144	95	**66**	3.8	45	和泉市
箕面市	1729	1016	**713**	11.2	118	69	**59**	8.3	91	箕面市
柏原市	1002	464	**538**	11.7	261	121	**46**	15.1	65	柏原市
羽曳野市	1091	359	**732**	8.2	315	104	**33**	12.9	86	羽曳野市
門真市	1158	1252	**-93**	18.2	101	109	**108**	-1.0	-11	門真市
摂津市	2230	908	**1322**	9.6	280	114	**41**	21.1	150	摂津市
高石市	350	134	**216**	7.7	228	88	**38**	4.6	26	高石市
藤井寺市	1109	304	**805**	8.3	398	109	**27**	19.5	100	藤井寺市
東大阪市	5768	5492	**276**	13.5	113	107	**95**	0.8	29	東大阪市
泉南市	653	119	**534**	6.1	405	74	**18**	11.3	67	泉南市
四條畷市	632	392	**240**	9.3	153	95	**62**	6.3	31	四條畷市
交野市	1353	723	**630**	10.8	194	103	**53**	13.7	80	交野市
大阪狭山市	1073	599	**474**	7.8	165	92	**56**	13.1	58	大阪狭山市
阪南市	570	103	**467**	6.3	475	86	**18**	12.1	59	阪南市
島本町	511	363	**148**	14.0	165	117	**71**	7.0	18	島本町
豊能町	233	109	**124**	7.8	118	55	**47**	7.1	17	豊能町
忠岡町	396	114	**283**	4.8	382	109	**29**	21.0	37	忠岡町
熊取町	549	147	**403**	6.8	314	84	**27**	16.5	61	熊取町
田尻町	199	31	**168**	4.8	490	75	**15**	18.6	25	田尻町
岬町	350	14	**337**	1.4	2085	82	**4**	20.2	46	岬町
太子町	278	38	**241**	2.8	703	96	**14**	29.3	34	太子町
河南町	187	82	**105**	5.5	226	99	**44**	10.4	15	河南町
千早赤阪村	66	3	**62**	0.3	2851	139	**5**	9.0	8	千早赤阪村
美原町	473	89	**384**	5.5	435	82	**19**	15.0	53	美原町
泉北組合	708	356	**352**	15.3	186	93	**50**	0.0	0	泉北組合
計・平均	125780	92156	**33624**	16.2	124	91	**73**	5.2	3958	計・平均
除く大阪市	82487	51884	**30603**	11.9	160	100	**63**	7.9	3600	除く大阪市
町村のみ	3242	988	**2254**	6.3	301	92	**30**	14.7	312	町村のみ

＊資料：『地方公営企業年鑑』『市町村別決算状況調』。アミカケは回収率90％以上の事業。
＊Ｃ：マイナス符号は黒字。
＊Ｈ：赤字度は職員給（一般会計の一般職員の給与（退職金と社保を除く））に対する汚水処理収支不足額（Ｃ）の比率。

るほど回収率が低くなっています。グラフ注記の「R２乗」は寄与率といわれ、X（処理原価）とY（回収率）との因果関係の強さを表します。YがXのみによって決定される場合が一、YにXの影響が全くない場合がゼロです。①の寄与率は〇・九三なので、回収率が処理原価によってかなり強く決定されていることを示しています。これは、処理原価がいくら高くても使用料水準が上がらないこと、使用料水準は処理原価に関わりなく、政策的に、あるいは政治的に決まっていることを反映しています。

また、グラフ②は、回収率と赤字度との関係を見たものですが、これも、回収率が低いほど赤字度が高くなるというきれいな関係になっています。

■赤字度二〇〜三〇パーセント■

赤字度が二〇〜三〇に達する事業もあります。

たとえば、摂津市（供用開始一九七四年）の処理原価は一立方メートルあたり二八〇円（維持管理費六一円＋資本費二一九円）であるのに対して平均使用料は一一四円、原価回収率は四一パーセントにすぎません。この結果、年に一三億円余りの不足が生じており、一般会計からの補填を受けています。赤字度は二一パーセントですが、これは一般会計の一般職員七一一人のうち一五〇人分に相当します。このことは、「汚水処理の赤字を職員給で穴埋めするには一五〇人をクビにする必要がある」とも「汚水処理

分野で一五〇人を余分に雇用している」ともいえます（摂津市の下水道職員は建設二五人と維持管理一〇人、合計三五人）。

「行財政改革」の掛け声のなかで、各自治体では行政サービスの最先端で職員を一人減らす、二人削るというレベルで汗を流しているのに、かたや、汚水処理赤字の補填に一般会計職員給の二〜三割分が消えている……多くの自治体にとって汚水処理の赤字はもはや見過ごしにできる段階を超えていると言えるでしょう。

下水道の効率

■水量密度という指標■

大阪府の公共下水道の処理原価は八〇円台から二〇〇〇円以上まで、一〇倍以上の格差があります（表4－2のＥ列）。このような処理原価の格差の主な原因として、下水道の効率の違いが考えられます。

下水道はパイプラインで汚水を集め処理場で処理しています（集合処理方式）。下水道への投資の約七割が管渠やポンプ場などの運搬施設に使われています。したがって、運搬施設の利用効率が下水道の効率を大きく左右します。また、汚水発生源と処理場とが管渠でつながっていないと役に立たないので、処理面積あたりの汚水量が半分だからといって、管渠の長さを半分にするわけにはいきません。処理面積あたりの管渠の長さはだいたい一定と考えられます。

そこで、下水道の効率の指標として「水量密度」を考えました。これは処理面積あたりの有収水量のことで、人口密度の人口の代りに有収水量を入れたものです。汚水は人の活動に伴って発生するので、人口密度も下水道の効率に関係ありますが、毎年の人口統計は行政人口（住民基本台帳人口＋外国人登録人口）が基本であり、行政人口では、通勤等の移動人口にともなう水使用が反映されません。つまり、汚水処理事業は「一人いくら」ではなく、基本的に「一立方メートルいくら」で収入があるので、人口密度より水量密度のほうが直接的であり、下水道の効率を表す指標として優れています。

水量密度が高いほど経営に有利であることは言うまでもないでしょう。

■水量密度の格差は大きい■

表４－２のＤ列が水量密度です（以下の説明では水量密度の単位を省略します）。水量密度が高いのは、大阪市や守口市、門真市など、人口や事業所が集中している自治体です。千早赤阪村など水量密度が極端に低い例は供用開始から年数が浅く、接続が十分すすんでいないためと考えられるので、これらを別にしても、水量密度は五前後から二六まで五倍の格差があります。

水量密度が高いほど処理原価が低いと予測できますが、この両者の関係が**表４－２**

こんな水量密度の低いところに下水道が要るか！

のグラフ③で、予測どおりの結果です。寄与率は〇・七八であり、水量密度は処理原価をかなり規定しています。しかし、同じ水量密度でも処理原価には倍以上の格差が見られます。これは、下水道の整備を行なった年代の違いが影響していると思われます。**表4—2**のグラフ③から、大阪府の中で処理原価が二〇〇円以下なのは、水量密度が一〇以上の事業であるという目安がえられます。

国庫補助金が誤りのもと

■自治破壊■

汚水処理には、発生源処理（したがって管渠が不要）方式の浄化槽と、集合処理方式の下水道や農業集落排水とがあります。

九四年度に市町村が設置・管理する浄化槽が制度化されましたが、以後九九年度末までに全国で国庫補助型のものが約五五〇〇基設置されています。その設置費は一基平均一四〇万円です。浄化槽であれば人口や家屋の密度が低くても、建設コストはほぼ同じです。

集合処理方式は水量密度が低いところほど割高になることがわかっているのに、水量密度の低い市町村が、密集型都市と同じ集合処理を選択したのはなぜでしょうか。

原因は複合しているでしょうが、要約すると「汚水処理事業が国庫補助による公共

治破壊ということになるでしょうか。

事業として行なわれた」ということになるでしょう。市町村が自主的な判断をする力量と環境が乏しかった、ともいえます。水循環破壊、財政破壊にあわせて言えば、自治破壊ということになるでしょうか。

■目的と手段の混同■

下水道はある政策目的を実現するための手段の一つです。汚水処理については公営のメニューが一一あることは先に触れました。民営という選択肢もあります（現に全国の処理人口の一割は団地専用処理場や個人浄化槽などです）。浸水対策についても、下水道だけでなく、道路・河川・都市計画など対策の手段はたくさんあります。

ところが、自治体の業務は国の省庁（補助金）にあわせた部署別に行なわれるのが一般的で、しかも国・自治体とも予算の大小が部署の羽振りに影響するという意識があるため、いったん確保した予算枠はなかなか手放しません。

そのため、本来は汚水処理という政策目的の手段である下水道建設が目的に転化してしまい、さらに、下水道部署では、予算が与えられその執行が至上命令になっているため、下水道建設の手段である予算消化が仕事の目的に転化するのです。このような「手段の目的化」の連鎖のなかで「政策目的の効率的・効果的実現をはかる」という姿勢と仕組みがないまま公共事業が行なわれたのです。

■補正予算が「破壊」に拍車■

この「手段の目的への転化」が「破壊」をもたらしているわけですが、それに拍車をかけているのが補正予算です。

景気対策・経済対策として毎年のように多額の借金を追加して補正予算が組まれます。補正の結果、予算が倍になることもあります。年度途中に予算が倍になっても職員は増やせないので、工事発注の数をこなすことが仕事にならざるをえません。これらが、質の低下や不要不急工事の発注、契約に関するトラブル、設計変更の多発などにつながります。

このように、国庫補助金制度と補正予算が、計画や設計、発注を、「効率的・効果的な汚水処理」という政策目的からどんどん遠ざけています。

国庫補助金制度をなくし、自治体が自主財源で自主的な判断ができるよう、税財政を改革することが必要です。

再利用目的に応じた発生源対策

今後の汚水処理は再利用と一体となる必要があります。

処理水を再利用できる処理技術のない時代に作られたのが現在の集合処理システム

です。再利用を前提にしていないため、下水道はあらゆる汚水を受け入れ、処理場は行政区域や流域のいちばん下流に作られました。このため、再利用の目的にあった水質や水量を確保することが、コスト的にも困難になっています。

再利用を前提にするなら、水の使用者が自ら汚水処理を行ない、自ら再利用するのが望ましい姿です。なぜなら、水の使用者は汚水の水量・水質と、再利用の目的や必要な水量・水質を知っている、つまり、水の使用者は再利用に伴なうメリットとリスクを勘案し、必要な汚水処理を行なえるからです。

それを実行しているのが工業用水です。九七年度の工業用水（淡水）の循環利用率は全業種平均で七八パーセントと報告されています（国土交通省『日本の水資源』平成一二年度）。

工業用水は、一九七三年のオイルショック以後、水使用原単位を削減し、循環利用率を高めると同時に、製品や原料のクリーン化と排水に捨てていた原料や薬品の回収をすすめ、環境負荷削減とコスト削減を実現しました。七〇年と八九年を比較すると、工業から排出されるＢＯＤは一五分の一に減少しています。この間に工業生産量は二倍になっているので、生産一単位当りの排出ＢＯＤは三〇分の一です（中西準子『水の環境戦略』一九九四年）。

この間に工業用水（淡水）の循環利用率は五二パーセントから七五パーセントに上

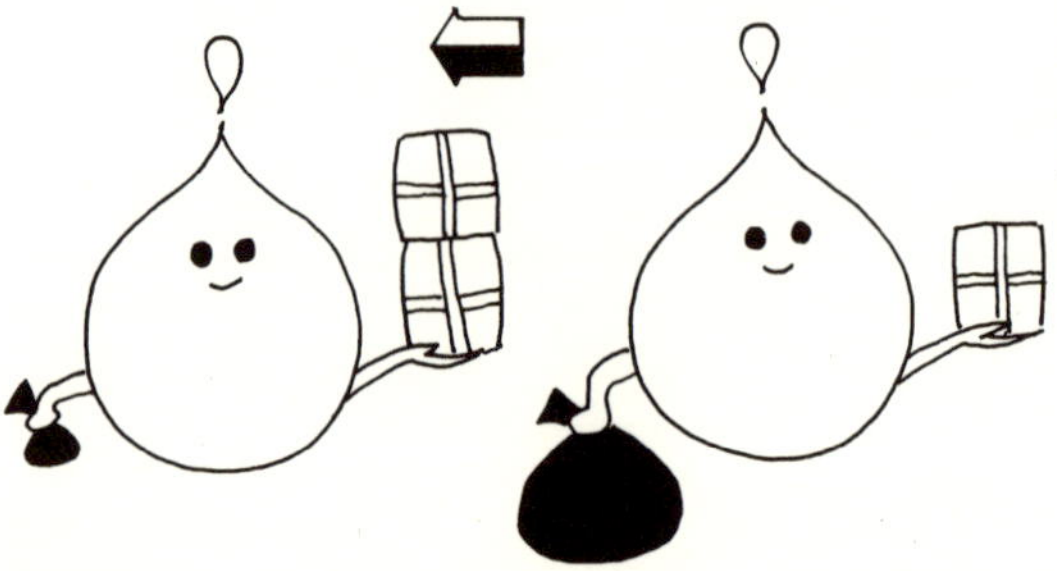
生産が増えても、
廃棄物と水使用量は
減っている

昇しました。

節水型社会で世界平和を

生活排水の原単位削減と再利用をすすめることは、国際的な課題でもあります。それは、日本の生活用水の使用量がアメリカとともに世界のトップクラスにあり、開発途上国から「水をたくさん使うことが豊かな生活の条件」と見られているからです。

日本の生活用水使用量（家庭以外を含む）は一人一日約三二〇リットルです。アフリカの平均は六三リットルにすぎません（『日本の水資源』平成一一年度版）。アフリカで日本と同じように水を使うためには五倍の水が必要ですが、その水を確保するには大規模な開発が必要になり、地域環境や地球環境を脅かします。また、水資源をめぐる国際紛争も増加するかしれません。日本並みに水を使える人が特権階級だけという状態になると、国内政情も不安になるでしょう。

二〇二五年に世界人口の四〇パーセントが水危機に直面すると予測されています（「世界水ヴィジョン」二〇〇〇年）。先進国である日本で節水型社会を実現し世界の見本となることが、地球環境と世界平和を守ることにつながるのです。

そのため、生活スタイルや都市構造を見直し、水循環住宅や水循環都市を実現するとともに、流域単位の統合的水管理と、流域をこえる森林や海域の水管理・水循環を

確立することが必要です。
この水循環国家の出発点が「水基本法」*制定だと思います。

*水基本法については、五六〜五九頁を参照。

第5章　水を多重利用しよう

―「水臭い水つきあい」への疑問と提案―

鷲尾圭司

私たちは有難い水に対して、あるいはその水の恩恵を受けるものに対して、ずいぶんと「水臭い」かかわりあい方をしてきたものだ。循環する水のごく一部の場面である「目の前にきた水」とどのように向きあい、次に使うもののためにどのような配慮をして渡していくのかをよく考えないといけないし、その方法を探る必要がある。

水には思った以上に多面的な特性があり、世界中の様々な水環境にある人々が、それぞれの条件の中で、その限界を探りつつ水との多様なつきあい方を演じてきている。私たちは、自分の風土特性の中で身につけ、その文化で育んだ「水とのつきあい方」からなかなか抜け出せない袋小路的発想にある。各地の経験や工夫を系統立てて考察し、水の多面的機能を十分に発揮させるつきあい方の発展を期待するのだが、その時のキーワードは水利用の多重性にあるのではないかと考えた。

捨てた水の意味

身のまわりには様々な「水」が存在し、利用されている。水のありがたさは誰しも認めるところで、その不思議な属性のおかげで我々が生きているといっても過言ではない。いや、水なしには生きることさえできないものだ。その水とのつきあい方をみていくと、もうちょっと配慮すればうまく行く、もうちょっと気を配れば大事には至らない、という苛立ちを感じる場面に出くわすことがある。

これから騒がれるであろう水資源問題にしても、水道水源が、農業の灌漑用水が、工業用水が、などなど用途に応じた要求が積み上げられ、不足が叫ばれる。それぞれの場面で、使った後の水はどうだろうか。今日の環境に対する視線を感じてか、無処理でたれ流すことはさすがになくなってきたが、基準さえ満たせば捨てた者勝ちと思われているふしがある。捨てられた水の資源的価値など、我関せずという態度が多くみられる。経済用語でいうところの外部不経済を生んでいても、自分の懐に直接響かないうちは無視するのが今日流なのだろうか。水臭いものだ。

水はというと、そんな人間の勝手な思惑や態度とは関わりなく、律儀にその属性を保って、自然の循環をめぐりめぐっている。きっと悲しんでいるのだろうな、などと感傷的にみるのは著者の勝手だろうか。

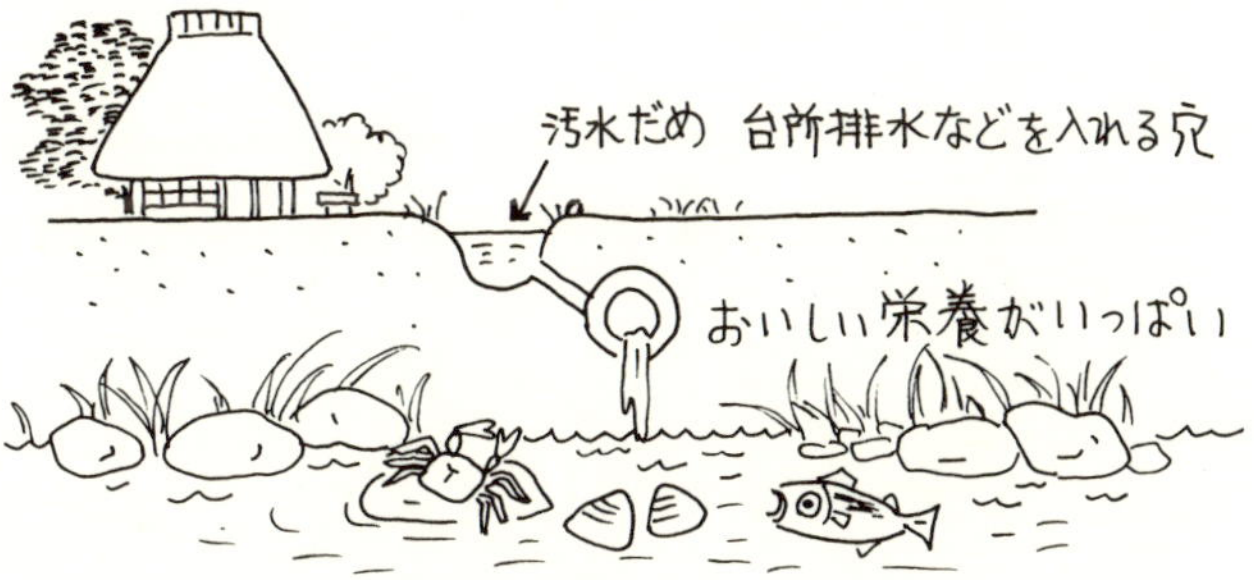

水臭いつきあいの背景

「流しは海の入口です」というコピーが気に入っている。目の前から見えなくなる水が、海につながっているという想像力をくすぐり、海好きの筆者に響く。しかし、同じ流れで語られる「コップ一杯の油を水に流すと、魚が棲めるようになるには風呂桶何百杯もの水が必要です」というコピーには疑問符を付けたい。油の成分を水に拡散させ、ＢＯＤ（生物学的酸素要求量）を適性水準にまでもっていくという「水で薄める」という発想だけで評価しているところが現実離れしていると思うからだ。水を薄め役、運び役とだけ見ている視点が、環境を守るためには大量の水が必要だという感覚（錯覚）を醸し出している。水需要を大きく表現したい意図による作為だとは感じられないだろうか。

油という有機物を環境に対して無害にしていくには、水で薄める以外に微生物による無機化という分解が期待できる。微生物との接点が多くなる土を利用すれば、そんなに大量の水は必要としない。けた違いに少ない水で油を無害化できるものだ。そうすれば、過大な水需要予測は意味を失い、場合によってはダムや水資源計画に影響を与えることにもなるだろう。

大きな被害をもたらした石油タンカーの事故などによる海岸への油の漂着も、当初

語られたように何十年もその沿岸域を死に至らしめることなく、二、三年でその痕跡が極めて小さなものとなっている。これは、単純に石油が海に希釈拡散して、その影響がいかに残るかというモデルだけでは説明のつかないことだ。何が起こったのかというと、多くの漁業者やボランティアが回収作業をしたことももちろんだが、そうした人力による油を掻き取る作業が油膜を薄く引き延ばす作用となり、油を分解してくれる微生物の働きを引き出したのだ。水の「薄める」「溶かす」「運ぶ」というある種の浄化機能を、さらに効果的にするのが微生物であり、その両者の間をうまく取り持つことが「汚し役」の人間の責務でもある。それを水にばかり依存するのは片手落ちで、水臭いといえる。

水の機能をもっと多面的に捉えなおすことはできないだろうか。それというのも、薄めて運ぶだけではもったいないという発想を広げたいからだ。

水の少ない沙漠地帯に詳しい人の話を伺ったことがある。貴重な水を有効に利用するために、村には構造的な工夫がなされているという。それによると、水源地から村に水を引く水路はカナートと呼ばれ、導水の過程での蒸発を防ぐため地下水路化されている。村に入って最初の貯水池もドーム式で、これが沈殿槽を兼ねる。最初の用途は飲料水や調理用としてで、水汲み場には一番きれいな水がもたらされる。次いでイ

◀モヘンジョダロの水浴場遺跡

スラムの暮らしに欠かせない沐浴場のハンマームで使われ、下流の貯水槽にもたらされる。家庭雑排水や沐浴場の汚水はマクシャーマと呼ばれる菜園に流される。沐浴場以降は洗剤を用いる洗い物や洗濯に使われ、製粉工場の水車を回し、家畜用の水などに届けられ、最終的には耕作地への灌漑用水として供給される。そこには、貴重な水に用途に応じた条件で優先順位をつけ、日常生活に流れを生み出していく知恵が窺える。

　このようなシステムは暮らしの規模と対応しており、大規模な都市の水供給とは異なる面はあるが、小さなコミュニティの単位で水の有効利用を図るという構造の優れた点を示しているといえるだろう。

　日本で私たちが目にする水利用は、ほとんどが水道によって提供され、同じ水質水準の水を飲料、調理用、風呂場用、洗濯用、トイレ用、洗車用、菜園用、散水用などに並列的に利用し、あとの水の行き先については配慮しない「捨てる」ものとなっている。配慮しないというのは言い過ぎかもしれないが、公共下水道などへ流す負担をすれば、あとは役所という他人任せになっているのは事実だろう。水の少ない土地での、次に使うものがあることを前提に、その条件に叶う水質で「渡す」という感覚と大きく違う点だといえるだろう。

　では、このような「捨てる」という水臭い利用のあり方はどこから来ているのだろ

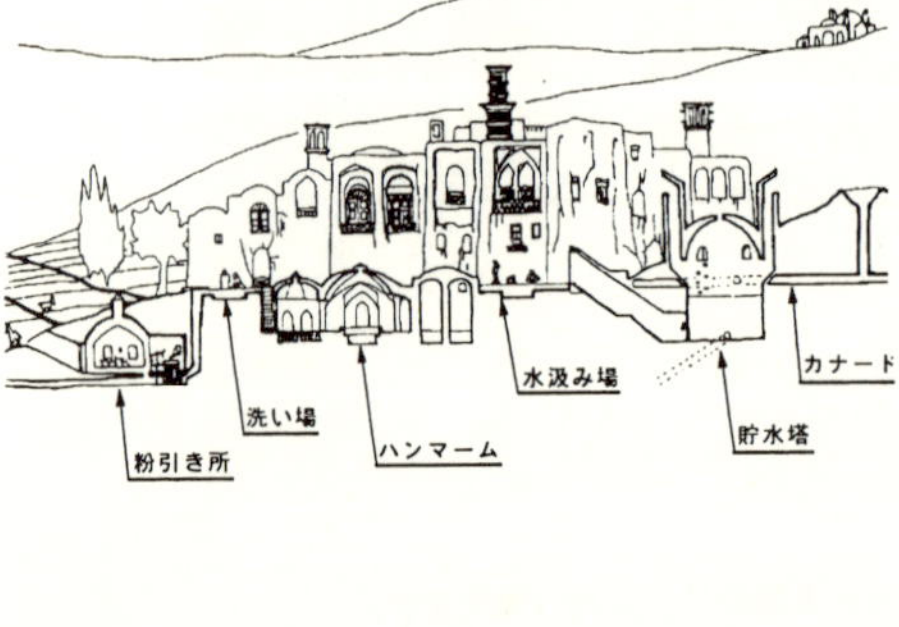

◀ホラナク村の水環境システム
（盛岡通他『共存の都市計画』、朝倉書店「講座　文明と環境4　都市と文明」、一九九六年）

うか。

「水を治める者は天下を治める」といわれるが、古代中国においては自然の猛威である洪水を治め、人々に豊かな生産の基盤を確保した者に権力が託されるという意味で理解される。しかし今日の日本では、生命の水の配給権を握ったものが、人々の上に君臨すると言う意味にも理解される。

水田稲作を軸におく日本の農業にとっても、経済成長の担い手としての工業においても、また富の集積により拡大していく都市においても、水は欠かせないものである。それを水利権として獲得することは、それぞれの存立にとって大変な重大事だった。水資源開発という名で、自然界にあった水をそれぞれが独占しようと、あるいは縄張りを広げようと競ってきた歴史がそこにある。水利権として得たものは、自由に使いたいのが競争社会の本音だから、「あとへの配慮」は使用条件の制限項目になりかねないことから無視することとなった。

ということは、「水」というものを競争社会の争奪の的にしたことに問題があることになる。循環する水という属性からすれば、様々な場面はいずれも循環の一部であり、次に引き継ぐことは避けられないといえる。いま水質汚濁防止法など水質規制の基準が設けられているが、これは下流に向けての責任をこのレベルで切り捨てるという基準であり、その満足度は次の利用者にとっての満足度とは違ったものになっている。

また、「〝水〟は人間の生命と健康を保持し、増進するために最も基本的なものであると同時に、社会活動を営む上でも不可欠なものであると広く認識されているため、〝水〟の使用量の多寡は文化生活のレベルを示す指標である」とさえ言っているところもある。この考え方だと、水を次々と無駄なく利用していく方法より、それぞれが一度使えば捨ててしまう方が「使用量」を拡大することができ、それが文化的だと錯覚することになる。そんなことはあるまいと思われる方もあるかもしれないが、水事情の異なる国々を比較して、日本は先進諸国のうちで何番目であるという評価を話題にしている方もあるので、問題として指摘しておく必要がある。

では、水との水臭くないつきあい方というのは、どのようなものだろうか。筆者の取り組んでいる話題から紹介してみたい。

明石のノリ漁場と下水処理

兵庫県明石市に谷八木川《たにやぎ》という小さな川がある。その水質は、二〇〇〇年ごろは日本中でみてもワースト4にランクされるという不名誉な状況にあった。もともと農村地帯だったが、都市の拡大に伴う宅地開発の進展で住宅が川際まで迫り、未処理の生活雑排水が直接流入することが汚濁の主原因となっていた。しかも、河川流程のほとんどにコンクリート三面張りが施されているため、汚れた水は途中で浄化されること

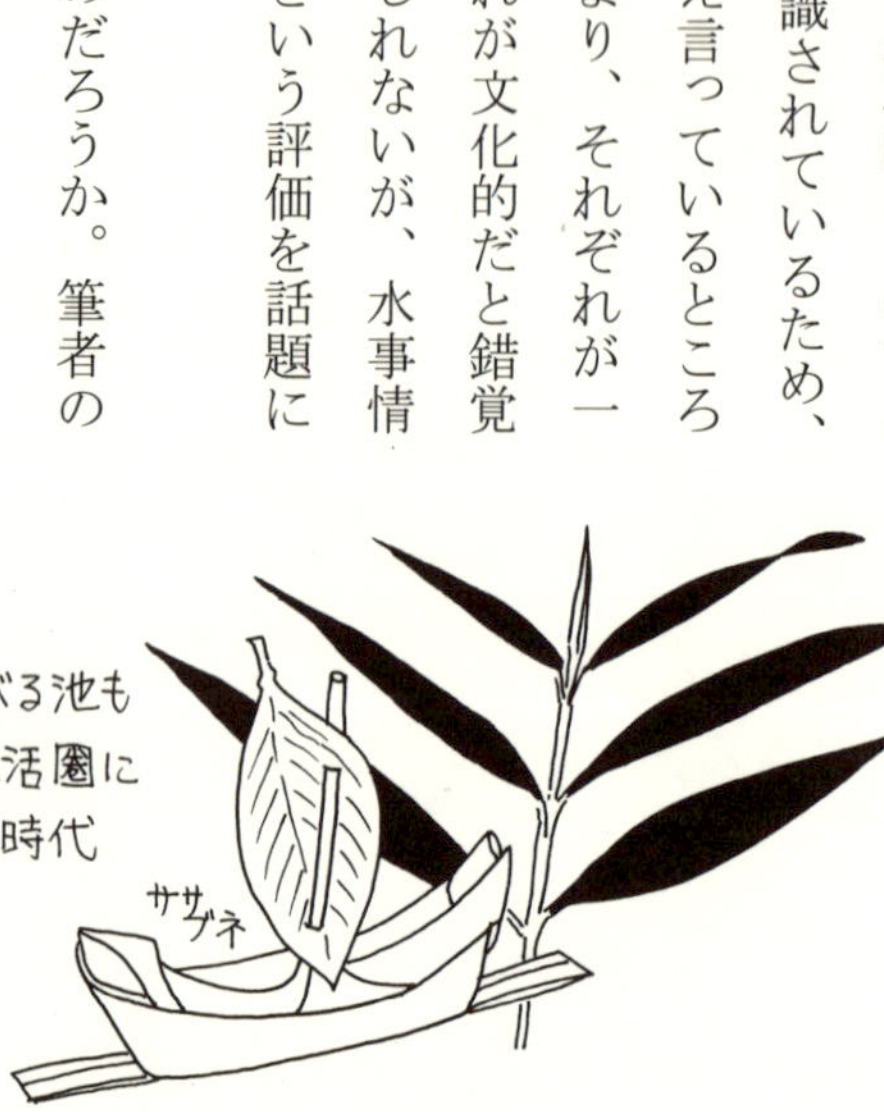
笹も
笹舟を浮かべる池も
子ども達の生活圏に
存在していた時代
があった。

もなく川を下ってくる。かつては川に面したコンクリート壁に開いた土管の口から、白く濁り、水面に落ちると泡立つ汚水が流れ込み、その白い筋がどこまでも続いていた。さすがに最近ではそこまで行かず、うすい濁りになってはきたが、泡立ちのなくなる日はない。

土地の古老に聞くと、四〇年前だと「春の小川」と歌われるような清流で、ウナギやドジョウ、コイもフナもたくさんいて、子供たちが毎日遊んでいたという。水田の水も、今日のように一斉の田仕事ではなく、上流の田から順次下の田へと段階的に利用していき、川にどっと流されるようなことはなかった。屎尿や食べものくずも堆肥化されて畑に利用されていたから、川の栄養分はかえって乏しいくらいだったのだろう。川では微生物も、大きな生物も、その恩恵を受けて暮らしていたのだという。

人々の暮らしが文化的になるにつれて川も変化し、その中で人間は水とのつきあい方が下手になってきたようだ。

明石市は海岸沿いの東西に細長い地形をしている。このためまとまった水系にはならず、小河川が横並びになっている。中心市街地や早くから団地開発がされてきた明石市の東部地区は下水道が整備され、また市の西部も工業団地の形成とあわせて下水道整備が図られてきた。しかし、この谷八木川の周囲は市街化調整区域が多く残り、下水道整備の空白区になっていたという事情もある。

　そこで遅ればせながら下水道計画が立てられ、その流域をカバーする下水管の施設計画と下水処理場の建設が進められることとなった。経過としては、八六年の都市計画決定から翌年の下水道法の事業認可を経て、九二年に建設工事に着手し、九六年に第一期分が完成して供用開始となった。理由としては、下水道に生活排水を集めてまとめて処理をすれば、汚染の直接原因が取り除かれて「川はきれいになる」という論理だ。各地の自治体がこぞって取り入れている政策だから、下水道整備は誰疑うことなく正しい政策と思われ、ほとんど検討されることなく推進されているケースが多いように聞く。しかし、下水道の整備はこの場所では妥当かどうかの問いかけが地元の漁業団体からなされた。

　彼らは「下水を処理してきれいになるものなら、もう一度川の上流から流すなり、陸上で再度利用してもよいのではないか。それをせずに海に流そうというのは、人の目につかないように何かを誤魔化すことではないか」と、直感的に疑いの目を向けていた。実際のところ全国各地の沿岸漁場で、下水処理場ができてから漁場の悪化を訴えるところが多数あり、その不安は余所事ではなかった。

　明石ではすぐ沖にノリの養殖漁場が広がる。海水より軽い淡水である下水処理水は、海上をすべるように広がり、ノリ漁場に達する。いくつかの下水処理場とその周辺の

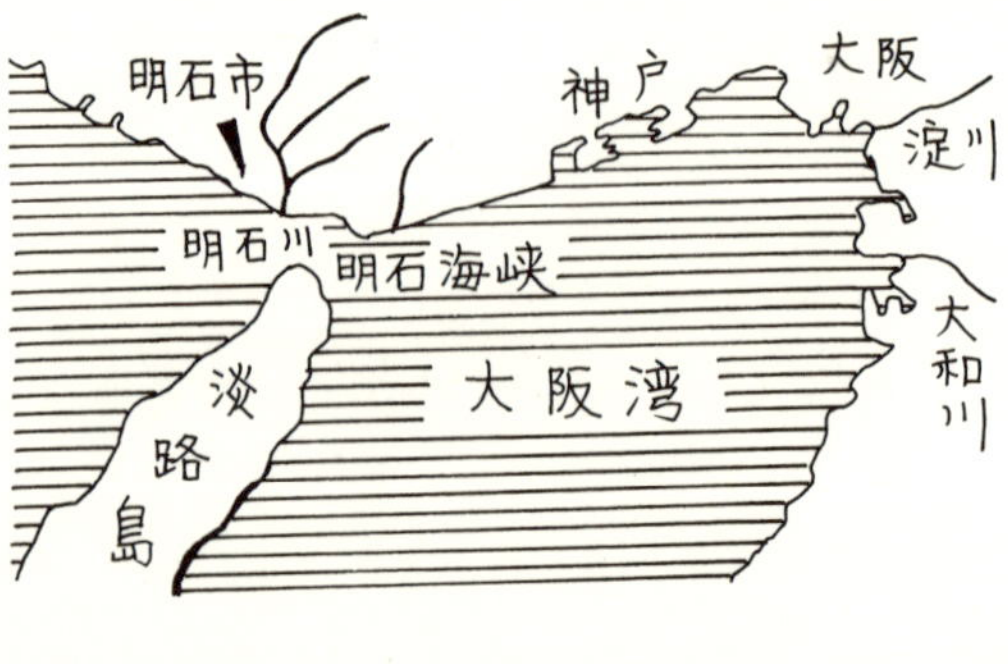

図５－１　整備前の谷八木川（1996年）

①河口近くは水がよどみ、ヘドロがたまる。

②生活排水の汚れも入る。

③ヘドロの厚さは10cmあまり。

ノリ養殖海域で、「バリカン症」*と呼ばれるノリ芽が流れてしまう事態が持ち上がっていた。下水処理水が広がる範囲だ。下水道法や海洋汚染防止法には引っかからない下水処理水だが、現実には何らかの問題を起しているというのが漁業関係者の共通理解となっていた。

そこで、谷八木川河口周辺に漁場を持つ四つの漁業協同組合が明石市と交渉して、下水処理場の設置と運転が、漁業にとって問題ないものかどうか検討することとなった。そこで指摘されたことは、谷八木川自体の問題点や、下水処理の方法に関わる問題、海への影響を小さくするための工夫、現場を継続的に調査して実態を把握することなど多岐にわたった。

谷八木川自体の問題点としては、対策の遅さや、川の性質を変えてしまうことが指摘された。対策の遅さは、汚濁原因となる生活雑排水の発生源が広く存在しており、その全てを下水道に取り込むには二〇年ほどもかかってしまい、なかなか根本的解決につながらないことがある。下水管の敷設工事に時間がかかるためで、汚水を集めて集中処理をするという公共下水道の考え方にこだわっているために生じる問題だった。これは、汚水の発生源で処理をする合併式浄化槽の設置に置き換えれば、もっと早くに普及させることができるはずなのだが、こうした代替案が検討されないのは、水質汚濁の問題をさほど重要と認識しない行政の姿勢があるからだろう。

＊バリカン症
生産期初期に伸長していたノリ葉体が一晩で一センチ前後を残して流失するもので、何らかの悪水との接触と塩分、干出等が関与しているものと推測されている。

川の性質を変えてしまう問題としては、上流で取水し、使い終わった水を下水管に取り込み、処理場で処理をして下流に放流するシステムだと、川を流れる水の絶対量が少なくなってしまうことが挙げられる。中国の黄河で起こっている「断流」などの規模ではないにしろ、川に流れるべき水を横取りして土管の中に流すことは、川の水涸れにつながる。流れの連続性が断たれると、川に残る水はよどんで腐りやすくなり、川床は乾燥してほこりっぽくなる。また、雨の時には洪水対策としていち早く排水されることを目的に水路整備がされてきたため、川は単なる排水路にされてしまうので、よどみのヘドロや乾燥した土壌が一気に流出して海を汚す。もちろん、川を生活の場とする生き物たちにとっては、ライフサイクルの断絶を意味する死活問題であり、それは生態系の崩壊にもつながっていく。こうしたことから、汚水処理を発生源処理にシステム変更するとか、下水処理水を直接上流に戻すなどして、川の流れを維持する仕組みを考慮しなければならないことが指摘された。

下水処理の方法に関する問題点としては、直感的にみると次の事柄が問題の所在を匂わせる。「下水処理がされれば『水はきれいになる』と言われて期待していても、たしかに透明感はでるのだが、アンモニアも多く、独特の匂いも、うす黄色い色合いも下水処理水特有の雰囲気が漂うものとなって、放流後の水辺に違和感をもたらしてい

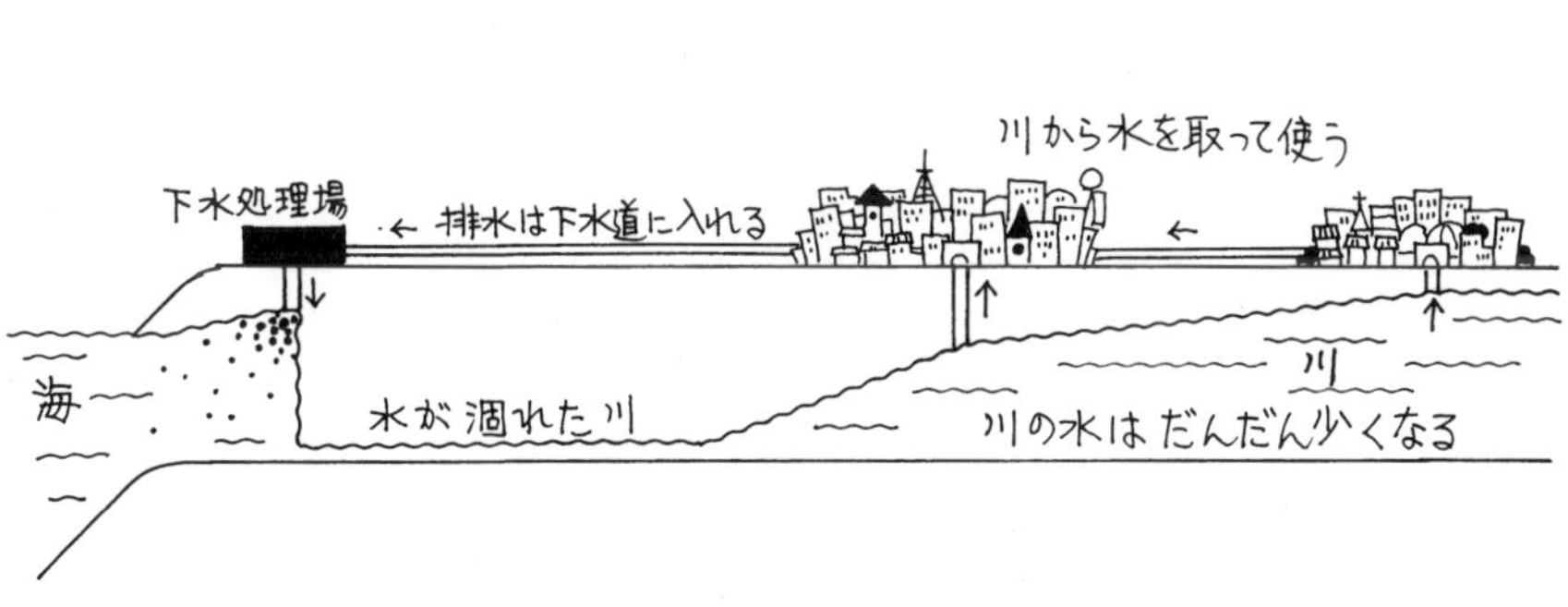

る。海に流れ出ると、人々の目に届かなくなるので、詳しいことは分からないままなのだが……」というものだ。これを整理してみると、標準活性汚泥法*の処理で分解回収しきれない物質にどのようなものがあるかという点と、放流前に消毒と称して塩素殺菌が施されることの問題、さらに処理区域の拡大に伴う処理水量の増加などが挙げられるだろう。

　処理回収しきれない物質としては、工場廃水や農薬、合成洗剤などの化学物質の影響が心配され、どの程度のものがどのくらいの量で下水処理場に流れ込み、沈殿や各種処理の後、分解されずに、あるいは別の物質に変化して環境中に放出されるかが問題だ。下水処理区域の中に、どのような工場があり、家庭や道路施設なども含め、どのような物質が排出されているのかを把握することと、下水処理工程で他の物質と出会うことで生じる問題を抽出し、管理していかなければならない。しかしながら、現在の下水道法の基準でいえば、混ざって薄まったものが、ある濃度以下であればよいという下水道システムの「薄める効果」に依拠して、詳しい吟味がなされていないのが実情である。

　下水処理水が放流後、さらに下流で飲料水に取水される場合でさえ、この原則で流されているため、各地の下流域に立地する浄水場で問題となり、改善への圧力となるケースもあるという。しかし、相手がもの言わぬ海である場合は、その海を利用して

＊標準活性汚泥法
日本で最も一般的に用いられている処理方式。①下水管を流れてきた下水は大きなゴミをとるスクリーンを通ったあとポンプアップされ最初沈殿池に入る。ここでは沈みやすいゴミや懸濁を沈めて除去する。②次に生物反応槽（エアレーションタンク）で微生物を含んだ泥（活性汚泥）と下水を混合し、微生物が下水中の有機物を分解するのに必要な空気を送り込んで攪拌する。これで下水中の有機物が分解され、最初沈殿池で取りきれなかった浮遊物の一部も除去される。③最終沈殿池で活性汚泥と上澄み液に分離（固液分離）する。④最後に最終沈殿池の上澄み液を消毒（多くは塩素消毒）して放流する。⑤最終沈殿池で分離された活性汚泥はポンプで生物反応槽に返される（返送汚泥）。また、微生物の増殖により余った活性汚泥（余剰汚泥）はポンプなどで引き抜かれ、最初沈殿池で発生した汚泥（生汚泥）とともに濃縮、脱水、焼却などの処理が行われる。

いる漁業者がまず声を出し、海の幸の恩恵にあずかる消費者も関わっていく必要があるのだが、海が見え難い世界だけに忘れ去られることがほとんどである。

環境ホルモン（内分泌攪乱化学物質）の問題が注目されだしてから、下水処理場の放流水も問題視されるようになってきている。こうした点も、下水処理の方法の問題点として、今後検討されなければならないだろう。処理後の放流水の臭いや色などが、標準活性汚泥法を軸とした処理では分解できないものの存在を示し、見る人の直感的な疑いの源泉となっていたのだが、徐々にその正体が見えてきているともいえるだろう。

次に、下水処理水にあたり前のように施される塩素消毒だが、伝染病など病原性微生物の環境中への広がりを防ぐためと説明され、上水道に注入されている塩素と同じような発想で行われている。注入された塩素は、強い殺菌力を示すが、下水処理水に多いアンモニアと反応してクロラミンという物質を作る。塩素自体は日光にさらされ空気に触れるにしたがって残留しなくなるが、このクロラミンは残留性が比較的強い。処理場から放流されたあと、海域でも残留して影響することが心配されている。同じような意味で、上水で問題になっているトリハロメタンなどの生成も考えられる。

このため、環境中に残留することのない殺菌方法を採用することが、放流後の環境にとって大切となる。そこで、明石の漁業団体からは塩素注入ではなく、紫外線の殺菌力を利用した対策が要望された。この方法は、技術的には可能であることが知られていたが、当時の主務官庁であった建設省の指針は「塩素殺菌に限る」というもので、補助金の対象にならないというハンデを持っていた。

建設省がなぜ塩素にこだわっていたのだろうか。それまで、全国の下水処理場や屎尿処理場の設計指針として塩素殺菌を義務付けてきた経緯があったことと、各地で問題が指摘されながら「因果関係なし」と塩素の影響説を封殺してきたこともあった。このため、殺菌方法の転換を認めることは従来の方法に問題の存在を認めたことになるとの頑ななものの見方があったのではないかと疑われる。

いずれにしても、この塩素殺菌の継続か、紫外線殺菌の採用かは、漁業団体と明石市の一番大きな争点となり、明石市が補助金に頼らず自己資金で対応することで決着した。こうして、塩素殺菌をしないめずらしい下水処理場が誕生することとなった。

他に、下水処理区域の拡大に伴い処理水量が増加していく問題では、下水処理場とノリ養殖漁業の調整に関わる先進地の事例が話題にされた。

明石市のすぐとなりの神戸市垂水区の下水処理場では、沿岸部を埋め立てて処理施設が建設されたが、すぐ沖にノリ養殖漁場があった。そこへ下水処理水が直接流れ込むことは影響が大きすぎると判断され、処理水の放水口を海底に導き、水深一〇数メー

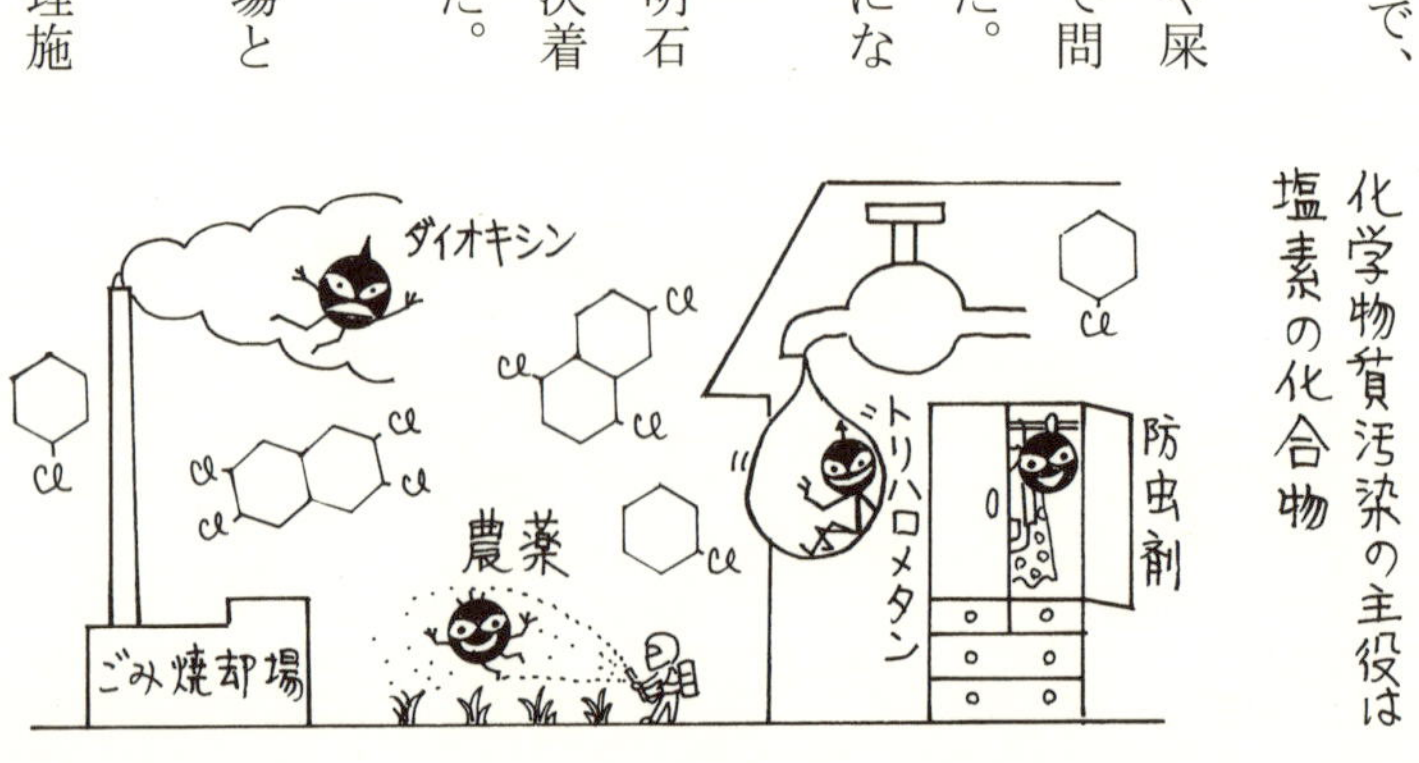

トルの海底から放水する仕組みを作っていた。この方法だと、処理水は淡水で温度も若干高いため海水より軽い性質があり、海底から海面へ浮上していく過程でまわりの海水と十分に混合して、下水処理水としての影響を小さくできるというものだ。実際に、稼動から数年間は問題を生じることなく共存できてきたという。

しかし、その後の処理水量の増大と共に海底放流による希釈効果が十分ではなくなり、大量放流の時には養殖中のノリに影響が見られるようになり、あらためて別の放流路を設けて影響の軽減を図ることとなった。つまり、下水処理水の増大という条件変化に応じて、環境への影響を小さくするためには分散させて一か所への負担を小さくする必要があることが指摘された。

明石市の事例でも、放流場所からほど近くにノリ養殖施設があるのだが、神戸の場合のように水深が深くなく、海底に導いても十分な希釈が期待できない立地条件であった。このため、海域への出口において、強制的に処理水と海水とが混合する仕掛けを作る必要があった。また、処理水量の増大に伴っては、別の放流先も確保するという分散放流の検討も進められた。

最後に検討されたことは、こうした対策をとっても、将来的に影響が出ないとも限らないし、前例のない新しい取り組みでもあることだから、その結果を追跡調査する

必要があるということである。こうした調査は、往々にして資金のある行政機関の側にゆだねられる事が多いのだが、それでは漁業者の視点での調査は期待できないとの主張があり、漁業団体と明石市が兵庫県の水産試験場や兵庫県漁業協同組合連合会などの協力を得ながら追跡調査をすることが約束され、現在にいたるも継続調査が実施されている。

その調査の過程で、予想外の事態もいくつか現れてきた。

下水道の普及が進み、下水処理の処理量も増加してきたのだが、谷八木川の水質が一向に改善されず、ワースト４のままだというのだ。原因は、ここの処理水にはアンモニアが多く含まれていて、それが酸素を奪う材料となるので生物学的酸素要求量（ＢＯＤ）*や化学的酸素要求量（ＣＯＤ）*という水質測定値が大きくなってしまうのだ。他の処理場よりアンモニアのレベルが高いのには理由がある。処理水を放流する際に、ほとんどの下水処理場では消毒のため、殺菌用の塩素を注入する。この塩素がアンモニアと結びついて別の化学物質になるため、見た目のＢＯＤやＣＯＤが小さくなるのだ。ところが、この処理場では海上のノリ養殖への影響を小さくするため、塩素という化学物質の使用を控え、紫外線滅菌という方法で対処している。一つの環境対策が、別の問題を引き起こす例ともいえるだろう。このため、こ

*ＢＯＤについては、一六五頁参照。

***化学的酸素要求量**（ＣＯＤ）水中の有機物を酸化剤で酸化するのに消費される酸素の量のこと。試料水中の有機物などを強力な酸化剤で酸化し、消費された酸素量を調べる。水質汚濁の指標の一つ。単位はmg／l。この値が大きいほど水中の有機物が多い。ＣＯＤの測定方法はいくつかあるが、日本の排水基準に定められているＣＯＤは試料を酸性とし薬剤として過マンガン酸カリウムを使用する方法が採用されている。

の下水処理場では、アンモニアによる負荷を抑えるため、硝化工程を加えて対策を図ることとなった。

また一方では、河川のBODやCODが高い値になると、河口にヘドロがたまりやすくなる。ヘドロから発する悪臭も困りものだし、見た目も悪く、海にとっても迷惑だ。

そこで、この谷八木川ではもう一つの工夫が施された。河口近くの河川部に海水を流し込み、川底からエアレーションという空気を吹き込む仕掛けを作った。上流から流れてくる水（これには下水処理水も含まれている）が、そのまま海上に広がることを防ぐための仕掛けだが、川の水と海水を同量混ぜることにより、海での下水処理水由来の成分の拡散を促進するねらいだ。この仕掛けは、川底から空気の泡が川面に達する間に水を攪拌する。その時に、空気中の酸素が水に溶け込み、付近のヘドロを分解する役にも立った。結果的には、施設後二年目には河口部のヘドロはほとんどなくなり、砂礫の川床がよみがえってきた。

さらに、その効果と共に、川を閉塞するような構造物を作らないことから、遡上する魚たちの邪魔にもならないという点にも配慮しているものだった。これは、汚れた川だとはいえ、コイやフナ、カメなど川の生きもののみならず、ボラやスズキなどの海との間を行き来する魚も通りかかるところなので、その生活圏の連続性を保つことにもなった。

こうした仕掛けは前例のないものだが、結果として谷八木川河口域の水質汚濁によるヘドロ堆積を解消し、下水処理水の海上への影響を軽減するものとなった。海水の汲み上げとエアレーションのための電気代はかかる。市の下水道の負担だ。海をただの捨て場と考えていた時代ならいざ知らず、将来にも良い環境として伝えていかなければならない場と認識されるようになった今日では、こうしたコストも水利用者の当然の負担と考えるべきだろう。それを値切るというより、無断使用してきたのが我々の便利な社会だとすれば、大幅な見直しが必要なことは言うまでもないだろう。

先日、ノリ不作問題でゆれている有明海から視察団がきた。ノリ生産地のライバルである明石での事例を見て、有明海の海への配慮がいかに足りなかったかを知った彼らは、すぐに地元の自治体と相談し、下水処理水と海の関係を見直そうと、取り組みをはじめている。広大な干潟の浄化力に依存してきたが、海も苦しんでいたことを再認識した訳だ。人の手でできることには限界もあるが、壊すことの償いぐらいは工夫したいものだ。

何が言いたいかというと、使い終わった後の水を処理すれば捨ててもよいと思っている「水臭い水つきあい」への疑問と提案である。しかし、こうして明石で下水処理水とノリ養殖漁業という対置関係における改善策を工夫してきても、まだ十分な対応

図５－２　整備後の谷八木川（エアレーション設置後。3列のエアレーションでヘドロが消えた。1999年）

▲① 上流からの下水処理水は海水と混ざり、薄まって河口へ下る。塩分15‰以上。

▶② 下水処理水量と同量の海水をポンプで注入。

▼③ 河床の酸化がすすみヘドロが消え砂礫になった。

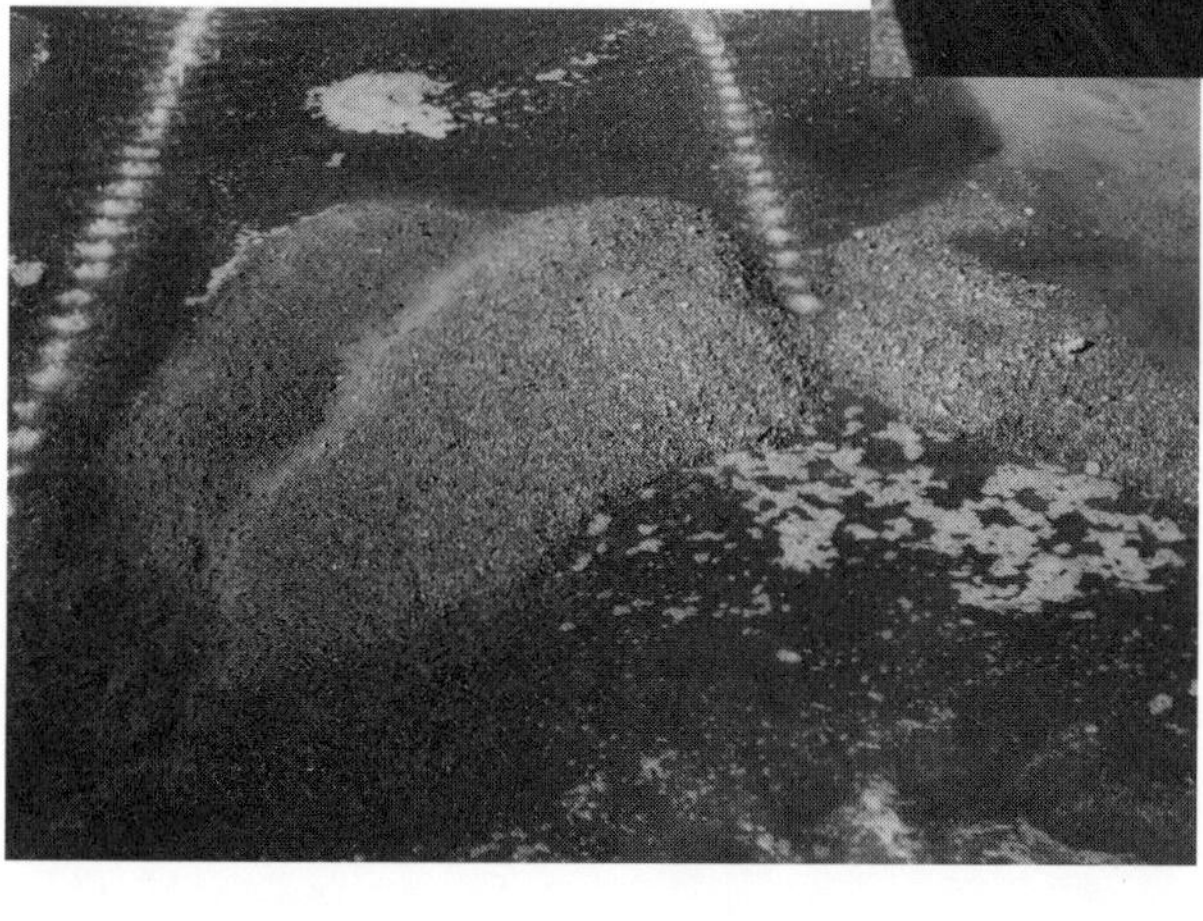

とはいえない。

海に入る水の質を改善し、その量の配分を工夫し、川自身の活性化を図るなどしているが、それでも最後は栄養物質や汚染物質を希釈して海に捨てていることには変わりがない。では、どのようにして水臭くない水つきあいを実現していけばよいのだろうか。

中国の「生態農業」にみる水環境とのつきあい

この二年、中国の南京や太湖などの江南地方へ出かけている。日本の風土とよく似た水田稲作を中心とする水郷地帯である。今から一〇年程前にも訪れたことがあり、それらの見聞を通して水と人々の暮らしを考えてみた。

本来の筆者自身の訪問目的は、中国の漁業生産をみたかったことにある。二〇世紀を終え、かつての水産王国であった日本が最盛期に比べて漁獲高を半減させている低迷に対して、中国は著しい伸びを見せており、日本の最盛期の三倍に達する漁獲高を誇るに至っている。中国の改革開放政策の進行で、それまで自給自足的に利用されてきた農村部での水田養魚や池沼河川における漁獲物が市場流通にのって表面化したことだけでは説明のつかない事態である。もちろん現在の中国ではさまざまな経済開発が進められており、環境汚染問題も深刻化していて、漁業生産環境として望ましい方

インドネシアの池の上の便所

向に進んでいるとは言いがたいのだが、どういう仕組みで大量の漁業生産をなし得るのかに関心を向けざるを得ない。

一〇年前に訪れた時は、太湖のほとりの無錫《むしゃく》市にある中国淡水漁業研究中心を取材し、淡水魚の養殖実態と太湖名産とされるシラウオの生態と漁業について学んだ。その中で、淡水魚生産を持続的に可能にするには「生態農業」との関連が大切であるとの示唆を得た。この「生態農業」というのは、江南地方の水郷地帯で培われてきた小規模循環型の多品種少量の生産システムで、栄養分の物質循環を高度に高めたものとして知られている。

耕地で米麦や野菜を作る。食用部分は出荷ならびに自家利用するが、非食用部分の根や枝葉は池に入れられ草魚*の餌となり、人間の糞尿や食べかすなどはブタの餌となる。ブタの糞尿も池に入りヒシやハス、マコモなどの水草を繁茂させ、タニシを増やし、淡水魚もアヒルも増える。こうした水生動物の糞は底に泥としてたまるが、一年二年ごとに底ざらえをして耕作地にすきこまれ、田畑の肥料となる。こうして生態系の食物連鎖を巧妙に利用した生産体系を作ることにより、この地方を「魚米の郷」と呼ばれる豊かな地方にしてきたという。

こうした栄養分の循環は、桑の木の育成と養蚕に羊と魚を加えることによっても工夫されている。桑の葉が養蚕に用いられ絹を得て絹織物を発展させていることは蘇州

***草魚**（ソウギョ）　草を食べる淡水魚として知られ、全長一メートルに達する。中国や台湾で養殖され、日本でも利根川での自然繁殖が知られる。ため池の草とり用として種苗の放流が行なわれる。

シルクというブランドでも知られているが、枯れた桑の葉が羊の餌となり、羊の糞や絹を取った蚕の殻は池で魚の餌となる。池の泥はやはり桑の木の肥料となるというものだ。さらに、桑の木の日陰には茶や菜種が栽培され、山羊が下草を食べて除草するなど空間さえもが無駄なく利用されている。

規模拡大を図れる場合には、菜種や大豆などの油を絞る工場やビールや焼酎の工場の加工残渣を仕入れ、大規模にブタを飼育し、その畜産廃水を池で養魚やアヒルに利用させるという仕組みも工夫されている。

このように、地域にある有機物資源を生物資源に結びつけ、時間的空間的なロスを避けつつ様々な生物生産に連関させていくのが「生態農業」であるという。これは基本的には地域の自給自足であり、ゼロエミッションに近いものとなっているといえるだろう。

こうした技術の発展してきた理由は、江南地方の地理的特徴から来ているといえる。この辺りは高低差が少なく、上流下流の区別もつきがたく、水路の流れもまわりの水系の水位差によって変化するところである。つまり、同じ水と長期間にわたってつきあい続ける必要がある立地条件で、日本のように流れ去ることを前提に、常に新しい水とつきあえる条件とは全く違うところに、こうした発想の起点があるといえる。

同じ水とつきあいつづけるには、水の薄める、運ぶという特性はあまり期待できず、

図５－３　中国の「生態農業」システムの例

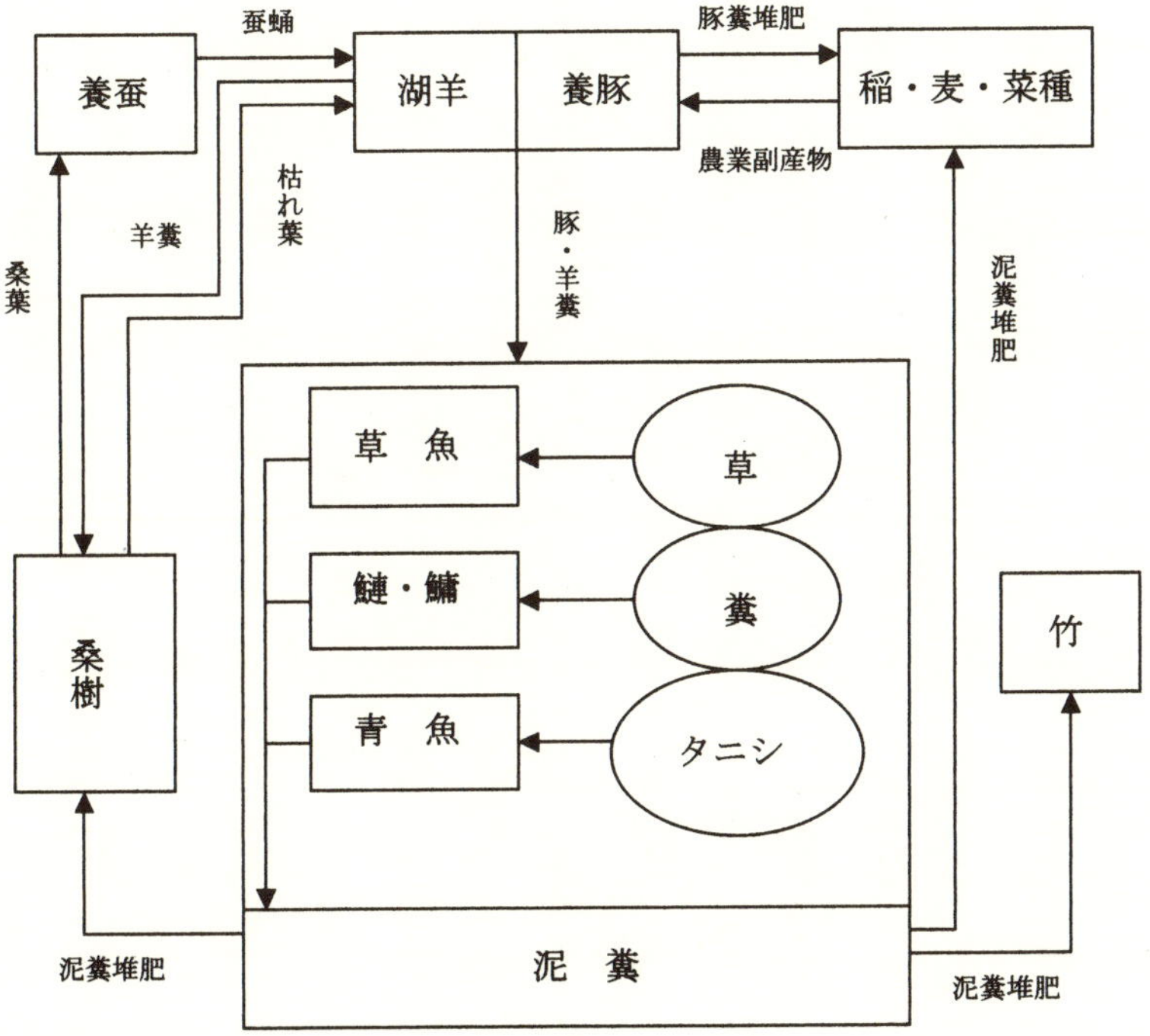

溶かし、沈殿させ、生物を育むという特性が重要になる。これをフルに利用したものが「生態農業」であるのだろう。

日本においても、この揚子江流域から水田稲作技術が伝わったとされている。田んぼの土手に彼岸花が咲くのも、揚子江流域からもたらされた、人の手が運んだ植物だからだ。

話はそれるが、彼岸花は不思議な植物だ。秋の彼岸を迎えると土手からいきなり茎が伸びて真っ赤な花を咲かす。所によっては白い花もあるようだが、花の咲く時期に葉が見当たらない。葉は花が枯れてからおもむろに伸びてきて、他の秋の草が冬枯れを迎えるころに緑色濃い葉を伸ばして冬の日光を独り占めする。よく考えると、秋のお彼岸前には田んぼの土手は夏草の草刈りを終えるころで、そのとき葉を伸ばしている草は刈り取られてしまう。その直後に茎を伸ばして花をつけるから生き残れるという、人の関わりのサイクルに適合した生き方を持っている。

また、花は実を結ばない。球根によってのみ種を伝える。そんな植物が広範囲に広がるには人の手が必要だ。その意味でも人と共生している植物といえる。

では、人にとって彼岸花はどんな意味があるのだろうか。

所によって彼岸花は「手腐れ」と呼ばれ、きれいだからといって手で触れてはいけ

彼岸花

図５－４　中国での生態農業①

◀養豚場（池の奥）と池と畑の複合風景。

▶池の底泥を揚げて、整備された畑。

◀養魚池では、上海ガニの養殖も。

ない毒のある植物だと教えられる。それなのに土手には、必ずと言ってよいほど植えられている。これは土手をモグラやネズミから守るためであり、また一方で飢饉のときの非常食料にするためでもあったという。つまり、先の中国の事例で紹介したように、水路や池の底浚えをして、土手を塗りなおすときに彼岸花の球根を埋めなおしてきたのだろう。こうした技術と植物との関わりごと水田稲作はもたらされたもので、日本の風土においても水辺において、水の溶かし、沈殿させ、生物を育むという機能の大切さは受け継がれてきたものだと考えられる。閑話休題。

さて、中国の「生態農業」にみる水環境との関わり合いで言えば、水は海に入るまでは淡水であり、使いつづけることが可能な素材だということができる。しかし、海に入って海水に混ざってしまうと、容易には淡水資源として利用することはできなくなる。

雨がよく降る日本において水不足が生じるのは、水の使い方において、水の薄める、運ぶという機能ばかりに着目したつきあい方にあったことが明白になったと言えないだろうか。中国でも経済発展の過程で、薄める、運ぶに偏った日本的な水の使い方を導入して、大きな水質汚染問題を引き起こしている事例がある。その環境問題の解決は、日本式に水を処理する技術が高まれば何とかなるというものではない。同じ水と

その国には　その国の
水の使い方、つきあい方がある

図５－５　中国での生態農業②

◀アヒルを飼う池。

▶水草を農地へ運ぶ。

つきあいつづけなければならない立地条件に応じた水の機能見直しが必要だと言えるだろう。

最近、中国の湖沼でアオコ*の大発生が多発するようになり、健康被害にまで影響が及んできているという。アオコの発生は湖沼の富栄養化の結果だが、底泥を浚渫利用しなくなったことが背景にある。これは近代農業が広く行われるようになり、市場性作物の生産性が低いとみなされる「生態農業」が過去の技術として置き去りにされてきている副作用でもある。中国の水郷地帯という立地条件では、環境利用の持続性を発揮させるためには、これからも「生態農業」的な水とのつきあい方を忘れてはならないといえるだろう。

水との多面的なつきあいかた

砂漠に井戸を掘る運動に携わっている人がいる。灌漑用水の供給が可能になれば、その地域を緑化して沙漠化の進行を食い止め、さらには食糧生産にも結びつくだろうというものだ。しかし、乾燥化の進んだ土地の多くは、井戸水を汲み上げて灌漑をすすめると「塩害」という厄介なお荷物を背負う。地下から塩が運び出され、水が蒸発したあと土壌を塩まみれにしてしまう。水はものを洗い流してくれるという日本的な発想で、条件の違う沙漠でも取り組んでいるのではないだろうか。

＊アオコ
淡水性の植物プランクトンが繁殖したため、湖、池、養魚池などの水が春から夏にかけて緑色に濁ること。ラン藻植物のアナベナ、アナベノップシスなど、緑藻植物のクロレラ、クラミドモナスなどがある。アオコは光合成によって水に酸素供給をし、魚介類の餌となるので繁殖が適切であれば問題はない。しかし異常に増殖すると、夜間の水中酸素の消費量が増大し過ぎたり、魚のエラが繁殖したアオコでつまるため、魚介類を殺すことがある。湖岸に堆積したアオコの死骸を微生物が分解すると、非常な悪臭を放つ。

化学調味料を多量に使用すると「チャイニーズ・レストラン・シンドローム」と呼ばれる病気になることがある。日本で開発された化学調味料は、もともとコンブの旨味を代替しようというものだった。水質に恵まれた日本では、水に溶かして出し汁として使えればよいと普及してきた。その程度の使用量なら病気も起こらないはずだった。しかし、水質に恵まれない国々では、料理に水よりもたくさんの油を使う。油料理に化学調味料を加えるとアミノカルボニル反応といって、入れれば入れるほどに旨味と香ばしい良い香りが増す。これが曲者で、化学調味料の過剰使用をきたす訳だ。日本の水環境で生み出された技術を、他の国に行ってもそのまま摘用することは、ちょっと考える余地があるという例だ。

中国に行った旅行者から、トイレが詰まりやすくて困ったという話を聞いた。日本と同じように使っているのに流れきらずに詰まってしまうというのだ。行った折に観察してみると、トイレのタンクが日本より小さい。日本のトイレのように、少々の固形物でも押し流せるような構造になっていないものがある。あちらは、かなり流動性の高い便が主流なのだろうか。食生活や紙の使用量など勘案すると、これもトイレ事情に差があることが窺える。日本人も、野菜の摂取量を多くして、動物性たんぱく質や脂質の摂取を控え、流れやすい排便を考えることも、水環境対策に役立つことになるかもしれない。

水は循環する。その一断面を私たちは利用している。水が無尽蔵にあるときには、全てを「水に流す」という日本的な考え方で通用してきたが、水には限りがあり、私たちだけが利用するものではなく、地球上の生きとし生けるもの全てに欠くことのできないものであるとなると、考え直さなければならない。水に対して「ぜいたく」に振舞ってきた日本人的発想は、もはや通用しないかもしれない。

私たちは有難い水に対して、あるいはその水の恩恵を受けるものに対して、ずいぶんと「水臭い」かかわり合い方をしてきたものだ。循環する水のごく一部の場面である「目の前にきた水」とどのように向き合い、次に使うもののためにどのような配慮をして渡していくのかをよく考えないといけないし、その方法を探る必要がある。

水には思った以上に多面的な特性があり、世界中のさまざまな水環境にある人々が、それぞれの条件の中で、その限界を探りつつ水との多様なつきあい方を演じてきている。私たちは、自分の風土特性の中で身につけ、その文化で育んだ「水とのつきあい方」からなかなか抜け出せない袋小路的発想にある。各地の経験や工夫を系統立てて考察し、水の多面的機能を十分に発揮させるつきあい方の発展を期待するのだが、その時のキーワードは水利用の多重性にあるのではないかと考えた。

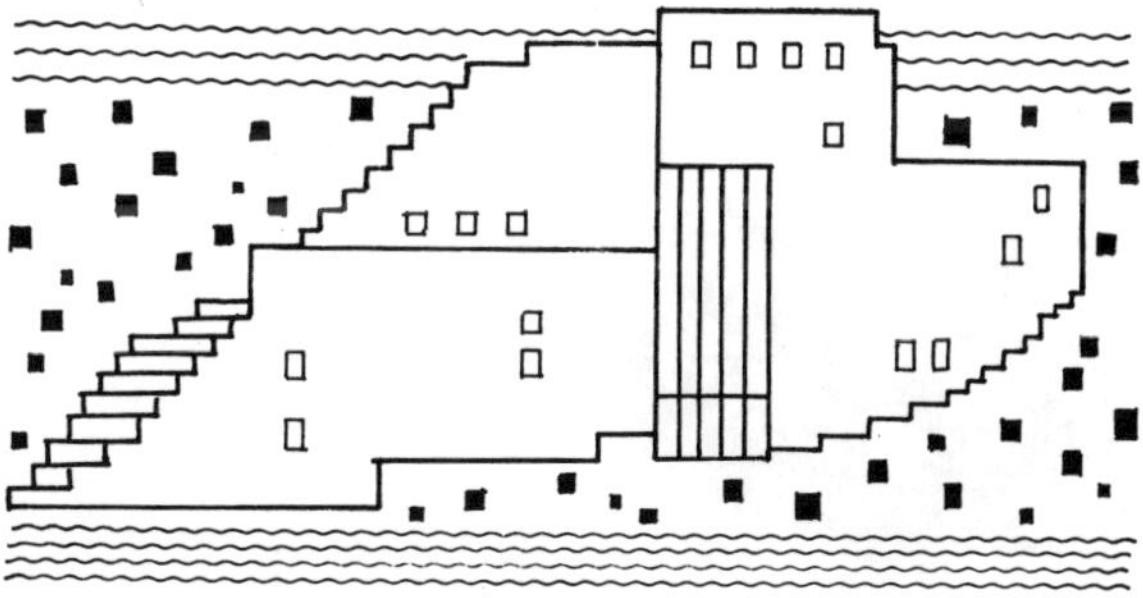

水不足、洪水、水汚染は、二〇世紀後半においても、そして二一世紀前半においても地球上で最大の環境問題である。水が原因で毎年五〇〇万人から一〇〇〇万人が死亡しており、一二億人が安全な水を確保できない状況にある。そして、このまま手を打たないと状況はより悪化すると予測されている。世界でいま起こりつつある水問題や水紛争を簡潔に要約して説明する。さらに一二億人の人口を有する中国の水問題、工業化が進んだ日本の水問題については、その特徴を明確にする。

古代都市文明が崩壊した原因の一つに、都市生活による水循環や栄養循環の破壊があったことが多くの文献で指摘されているが、古代ローマ都市文明の崩壊過程を下敷きにしながら、現代都市文明崩壊のシナリオを説明する。

二〇〇三年三月、日本の京都、大阪、滋賀で世界水フォーラムが開催され「世界水ヴィジョン」が議論される。本章の最後では、①水資源に関する基本的ニーズの充足、②食糧供給の保障、③生態系の保護、④水資源の共同利用、⑤リスク管理、⑥水の価値評価、⑦賢明な水資源統治、という七つの検討課題について、水循環の原理から導き出された提言を行っている。

「水の循環」を破壊することが、二一世紀最大の環境問題である

地球環境問題を世界的に認識させたのは、一九九二年にブラジルのリオ・デジャネイロで開催された国連の地球サミットであった。当時の中心的な課題としては、地球温暖化や生物多様性問題などが取り上げられ、環境行動計画として「アジェンダ21」が採択された。ただし、淡水問題についてはわずかにアジェンダ21の一八章で「淡水資源の質および供給の保護」が表明されたのみであった。

その後一九九六年には、スウェーデン国際開発庁の資金援助を受けて「世界水会議」と「世界水パートナーシップ」が発足した。世界水会議の要請で一九九七年三月にはモロッコのマラケシュで第一回世界水フォーラムが開催され、世界水ヴィジョン策定のために「二一世紀のための世界水委員会」が組織された。そして、三年後の二〇〇〇年三月にはオランダのハーグにおいて、第二回世界水フォーラムが開催され「世界水ヴィジョン」が発表された。

地球サミットから一〇年が経過し、二〇〇二年八月には、南アメリカのヨハネスブルクで国連主催の「持続可能な開発に関する世界首脳会議」が開催される。ヨハネスブルク・サミットは「リオ・プラス10」と呼ばれ、リオ・サミット以後の一〇年間の総括が目的である。世界規模での環境政策の進展や「アジェンダ21」の検証などが行

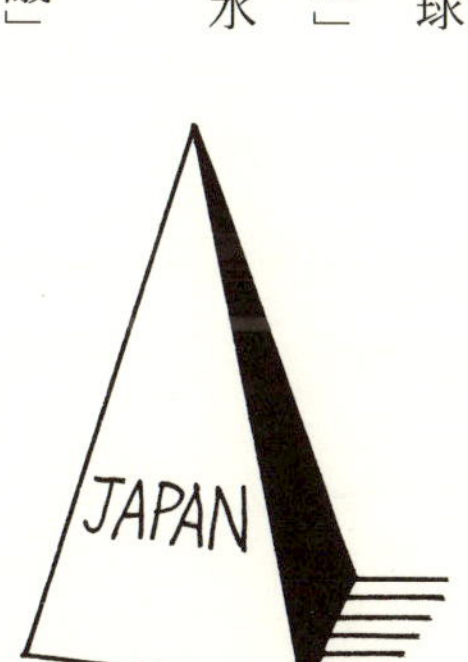

われる予定である。

さらに二〇〇三年三月一六日〜二三日の八日間、京都、大阪、滋賀の琵琶湖・淀川流域の主要都市で「第三回世界水フォーラム」が開催されることになっている。

第三回世界水フォーラムのホームページによると、そこで論じられる問題群は、

①水危機を招く人口増加
②水不足
③水質汚濁
④地下水問題
⑤洪水被害
⑥都市化と水問題
⑦水と地球温暖化

という七項目である。そして世界水ヴィジョンを実現し、これら七つの問題群を解決するためにチャレンジすべき課題群としてあげられているのが、

①基本的ニーズの充足
②食糧供給の保障
③生態系の保護
④水資源の共同利用

⑤リスク管理
⑥水の価値評価
⑦賢明な水資源統治
という七項目である。
リオ・サミットの段階ではほとんど重要視されていなかったことであるが、最近の一〇年間で世界的にも最大の環境課題として新たに登場してきたのが「水不足と洪水と水汚染などを中心とした淡水問題」である。*

*『環境白書（平成一二年版）』（環境省）淡水問題が二一世紀の重大な環境・資源問題となることを解説している。

世界の水問題の現状

第三回世界水フォーラム日本事務局のホームページ（http://www.worldwaterforum.org/jpn/intoro03.html）および国連環境計画淡水問題のホームページ（http://www.unep.or.jp/japanese/Issues/Freshwater.asp）の情報にその他の情報を追加して、問題群ごとに世界の水問題の現状を説明する。

❶水危機を招く人口増加

世界の人口はすでに六〇億人を突破しており、アジア、アフリカの途上国を中心として三一か国で水の絶対的不足が生じている。水不足が生じる危険度を①高い、②中、③低い、④危険なし、の四段階に分類すると、危険度の高い国としてアジア諸国ではインド、バングラデシュ、パキスタン、アフガニスタン、イラン、イラク、ウズベキスタン、イエメンが、アフリカ諸国ではエジプト、スーダン、リビア、モーリタニアが、南米ではペルーが入る。アジア、アフリカ地域では中レベルの危険度に分類される国も多く、一二億人の人口を有する中国もそこに入る。

❷水不足

水が原因で毎年五〇〇万人から一〇〇〇万人が死亡しており、一二億人が安全な飲料水を確保できない状態である。二〇二五年に人口は八〇億人にまで増加し、四八か国で水不足が起こるという恐るべき予測もなされている。発展途上国の経済成長とともに一人あたりの水需要が増大することも、水不足の大きな要因の一つである。水源の上流で農業用水や工業用水として過剰に利用したため、下流の湖が干上がってしまうアラル海のような例や、河川水が下流まで届かない中国黄河の「断流」現象も水不足による環境破壊の例である。水不足を解決すると称して建設されているダムが、森林や河川生態系を破壊し住民の強制移転など社会問題をもたらしている。

❸水質汚濁

途上国における病気の八〇パーセントは水汚染が原因であり、子供たちは八秒間に一人の割合で死亡している。世界人口の一五パーセントに当たる八億人が、一日二〇〇〇カロリーの栄養しか摂取出来ない根本的な理由は食糧不足と水汚染にある。救援

物資のミルクが傍にあっても、下痢を起こした子供たちは、それを見ながら衰弱死していく。バングラデシュやインドでは数百万人の人々がヒ素で汚染された水を飲んでいる。一九九〇年代には、アフリカ、中南米、アジアの国々において、水汚染が原因でコレラの大発生が起きた。ハンガリーのドナウ川ではシアン化合物の流出による汚染問題が生じた。北欧、ヨーロッパ中部、アメリカ北東部やカナダなどの湖では酸性雨によって魚が棲息できない事態が起こっている。世界的に湖の富栄養化も進んでいる。環境ホルモンや農薬などの化学物質汚染も広がっている。このように、水質汚濁問題はいまも深刻である。

❹地下水問題

地下水の枯渇と汚染問題も激化している。世界人口の二二パーセントを有する中国は、世界の水資源の八パーセントしか保有していない。中国の穀物の約四〇パーセントを生産する華北平野の多くの地域で地下水位が年間一メートル以上も低下している。サウジアラビアが現在のペースで地下水を使い続けると、二〇四〇年までに地下水資源が枯渇すると予測される。石油が豊富なサウジアラビアで工業化が進められない原因は水がないからである。世界の小麦の供給地であるアメリカのテキサス、オクラホマ、カンザス、コロラド各州では、地下水位が低下してきたため灌漑面積が減少している。中国やアメリカという世界の穀倉地の地下水が枯渇し始めているのだ。地下水の過剰な汲み上げが、都市の地盤沈下をもたらしたり、河川流量の低下を招き淡水魚などの生態系を破壊してしまう場合もある。

❺洪水被害

森林の大規模な伐採や都市化による急激な土地利用の変化は、降雨の一時的な流出を増加させ、洪水をもたらす原因になる。さらに急激な人口増加は、危険な洪水地域への人間の居住を増大させ、結果として洪水被害を大きくしている。最近では、二〇〇〇年二月にモザンビークで一〇〇万人が被災するという最近五〇年間では最悪の洪水が発生した。一九八八年一二月には、ヴェネズエラで大規模な土砂災害を伴う洪水が発生し三〜五万人が死亡した。一九九八年六月、中国の長江の中下流域の二九の省で被災人口が二億三〇〇〇万人、死者三〇〇〇人という大洪水が発生し、軍隊まで出て災害対策に当たり、被害額は二兆八〇〇〇億円と推定されている。

❻都市化と水問題

発展途上国における急激な人口増加は都市への人口集中を招き、慢性的な水不足、都市水域の水質汚濁、都市周辺の森林や緑地の荒廃、流域保水能力の低下や都市のコンクリート化にともなう浸透能力低下による洪水被害の増加などをもたらしている。さらに、水不足を解決するための手段としてダム建設がおこなわれ、そのことにより流域の森林や淡水生態系が破壊されることになる。発展途上国における生活や工場か

らの汚水の九〇パーセントは未処理のまま近くの水域へ排出されており、近隣の河川、湖、海域汚染の原因となっている。

❼水と地球温暖化

二酸化炭素やメタンなど温室効果ガスの増加により地球の平均気温が上昇し、気候変動による異常気象や海面上昇が生じるとされている。異常気象の中でも、アメリカや中国など穀倉地帯の乾燥化による水不足や食糧不足が心配される。また海面上昇によりエジプト、バングラデシュ、ナイジェリアのように標高の低い国の沿岸地域は水没したり水の氾濫が起こることが心配されている。

このように地球温暖化が原因となって水循環に影響することも考えられるが、逆に、森林伐採などで水循環機能が低下して、そのことが地球温暖化や都市のヒートアイランド化の原因になっているという相互関係を考慮する必要がある。

地域紛争と水問題

このような水問題は世界的にも地域紛争と混乱をもたらしている。最近の紛争地で起こっている環境資源問題を見てみよう。アフガニスタンでタリバン政権が崩壊し、現在はイスラエルとパレスチナの紛争が注目されているが、イスラエルがレバノンに侵攻した中東戦争も、ヨルダン川の水源をめぐる「水争い」の側面が大きかった。そのことは、戦争に勝ったイスラエルはプールなどにも水を豊富に使用している一方で、敗けたアラブ側は水不足が深刻になっていることからも分かる。

テロを撲滅しアフガニスタンの復興に役立とうと、日本はアメリカに義理立てして自衛隊を派遣した。行く前からわかっていたことであるが現実のところ何も役立つことは見つからなかった。アフガニスタンはいま、長年の旱魃で苦しんでいる。パキスタンに逃げた難民たちもパキスタンの人々自身も旱魃に苦しんでいる。これらの人々に、当面は地雷を除去したり食糧や水を援助していく必要がある。しかし基本的には、アフガニスタンやパキスタンの地域において水循環と栄養循環を取り戻すことが大切である。そうしないと、支援なしに生きていけない国ができてしまうことになる。水循環・栄養循環を回復させ、地域が自立できる技術や資金を提供することこそ、日本が果すべき役割ではないのかと考える。

インドとパキスタンの紛争も注目されている。両国はイギリスから独立した時から、インダス川の水利権をインドとパキスタンで分割するという水争いを今にまで引きずってきたという経過がある。チグリス・ユーフラテス川についてもトルコ、シリア、イラクの三か国が水を取り合っている。特に、三か国の国境地帯に住むクルド人が独立運動を展開してトルコで反政府活動を行っていることが紛争をより複雑にしている。ナイル川でも流域に位置する関係一〇か国が水をめぐる紛争を起こしている。

中国の水問題

世界同時不況の中で、一人勝ちで経済発展の目覚ましい中国においても、水循環破壊は発展のアキレス腱になる可能性が大きくなってきた。開発が遅れていた内陸部の「西部大開発」地域では、青海《セイカイ》・チベット高原における森林過剰伐採、過放牧による草地の退化、西北地域における地下水位の低下、急速な砂漠化、塩類集積土壌の拡大、黄土高原における激しい土壌侵食と流出、雲南・貴州地域における森林面積の減少や水面減少による生態系の破壊などが生じている。西部地域では、ＬＮＧ*などのエネルギー開発、インフラ整備が計画されているが、水問題がその行く手を大きく塞いでいる。

中国の黄河流域では上流の農業用水利用、森林伐採、都市用水利用などが原因で海にまで水が流れない「断流現象」が起こっている。一九七〇年代から一年に二〇日程度だった断流現象は、九七年には一年間のうち二二〇日を越えた。中国政府は長江（揚子江）の水を黄河にまで運ぶ三ルートの水路建設を日本円で七兆七〇〇〇億円かけて建設する「南水北調」計画を推進している。しかし、それ自体がトンネルを掘ったり、ポンプアップしたりの難工事であり、大きな資源・エネルギーが必要となる。さらに、黄河へ水を持っていけたとしても、生活用水や工業用水としては役立つが、流域全体

＊ＬＮＧ　Liquefied Natural Gas の略。液化天然ガス。天然ガスを液体にしたもの。主な成分はメタンというよく燃える気体で、色も臭いもない。空気よりも軽いので、万が一漏れても低いところにたまらずに、上の方に広がる。また、地球温暖化の原因となる二酸化炭素の排出量は、石炭や石油に比べて三〇～四〇パーセント少ない。

の農業用水がまかなえるわけではない。黄河流域自体の水循環を回復させていかないと、根本的な解決にはならない。

一方で、長江流域では、すでに触れたような大被害を伴う洪水が一九九八年に発生している。原因は、上流の森林乱伐や過度の開墾にあると考えられている。上流の表土が流出して砂漠化したり、中流や下流では土砂が堆積して水路が激変したり、場合によっては船が岸に付けられなくなってしまう事態が発生している。中国政府は一九九九年から、傾斜が二五度以上の斜面に耕された畑を買い取り木の苗を植える「退耕還林」政策を推進して土砂の流出を止めようとしている。一三億人の中国の食糧問題を左右する「南水北調」と「退耕還林」の成否は、中国だけでなく世界の命運にもかかわっている。

日本の水問題

水循環の考え方から、日本の水問題の現状について整理しておこう。日本全土に降る雨の量は、一〇〇年間のスケールで見ると一〇〇ミリ程度減ってきている。日本の年降雨量の経年変化を**図6－1**に示す。一〇〇年間の平均雨量は一六三〇ミリであるが、トレンド直線（一〇〇年間の平均値の変化を直線で表したもの）を見ると、今から一〇五年前の明治三〇年では一六八〇ミリ、それに対して平成九年（一九九七年）では一

五八〇ミリまで低下してきた。この原因は、一〇〇年間における急速な都市開発により日本の陸上からの蒸発量が減少し、結果として降雨量減少につながったことと考えられる。

図6－1を見ると、一九六四年の東京オリンピックの年から、渇水が目立つようになってきたことが分かる。渇水が起っている都市は首都圏、長崎、高松、福岡などである。これらの都市周辺地域では、人口増加、一人あたりの消費量の増加に伴う水消費量増加に加えて、まとまった水源となる湖や河川が少ないためダムに依存しているという構造的な要因がある。ダムは、少し渇水が続くとすぐに干上がってしまうという脆弱な構造を有している。そして、河川流域の水循環を大きく変化させるだけでなく、魚の遡上を阻害したり、下流の水量を低下させたり、汚染を増大させたりといった生態系の循環破壊にもつながっている。

最近一〇年間くらいで社会問題となっている公共事業

図6－1　日本の年降水量の経年変化

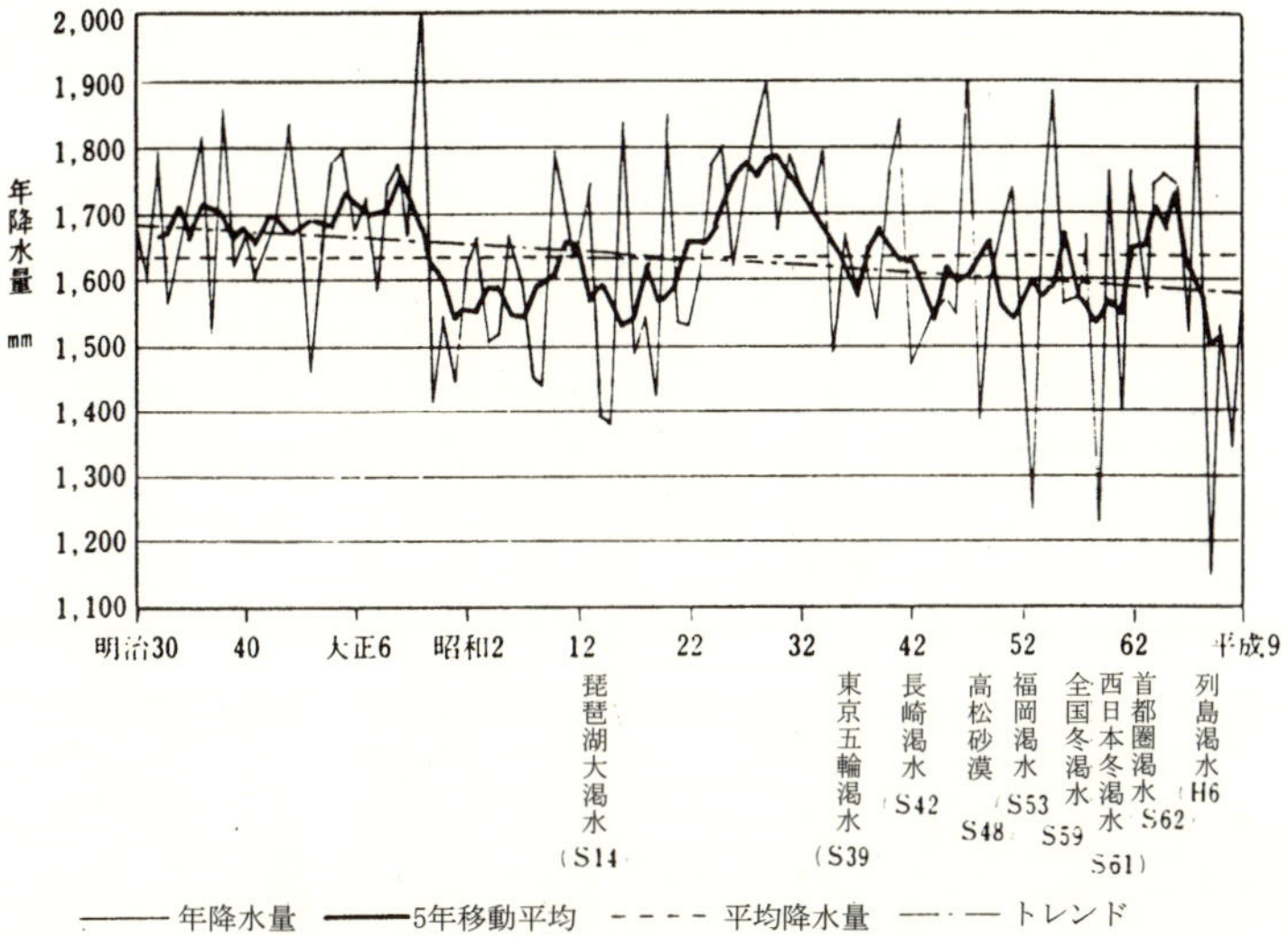

＊気象庁資料に基づいて国土庁で試算。全国46地点の算術平均値。

を見てみると、長良川可動堰、吉野川可動堰、諫早湾干拓、川辺川ダムなどは、生活用水・工業用水・農業用水確保、洪水防止などが開発の目的とされている。しかし、最近の水需要の動向としては、一人あたりの消費量の横ばい、工業用水の循環利用による大幅な需要低下、農業の衰退による需要低下、そして二〇〇五年以後の人口減少傾向の明確化というように、水需要が増える要因はほとんどなくなってきた。今問題となってきたのは、無駄な水資源開発のツケが水道財政を構造的な赤字体制とし、このデフレ時代にもかかわらず値上げをしなければやっていけないという体質がいよいよ明確になってきたことである。水量の問題では、沖縄をはじめとする日本の島嶼地域は常に渇水の危機に見舞われていることも忘れてはならない。

蛇口の水がそのまま飲める国としては、日本は世界でも数少ない恵まれた、水資源の豊かな国である。しかし、その日本の水道水についても、浄水場における塩素消毒によって生成される発がん性物質トリハロメタンの問題が社会化するとともに、鉛管から溶出する鉛汚染、地下水を水源とする水道については肥料などからの亜硝酸性窒素や有機溶剤（トリクロロエチレン、テトラクロロエチレンなど）による汚染問題が浮かび上がってきた。さらにカルキ臭、カビ臭などの発生が加わり「飲み水としての味や安全性に対する不安感」が、家庭用浄水器の設置や、ＰＥＴボトル*入りのミネラルウォーターの氾濫をもたらしている。

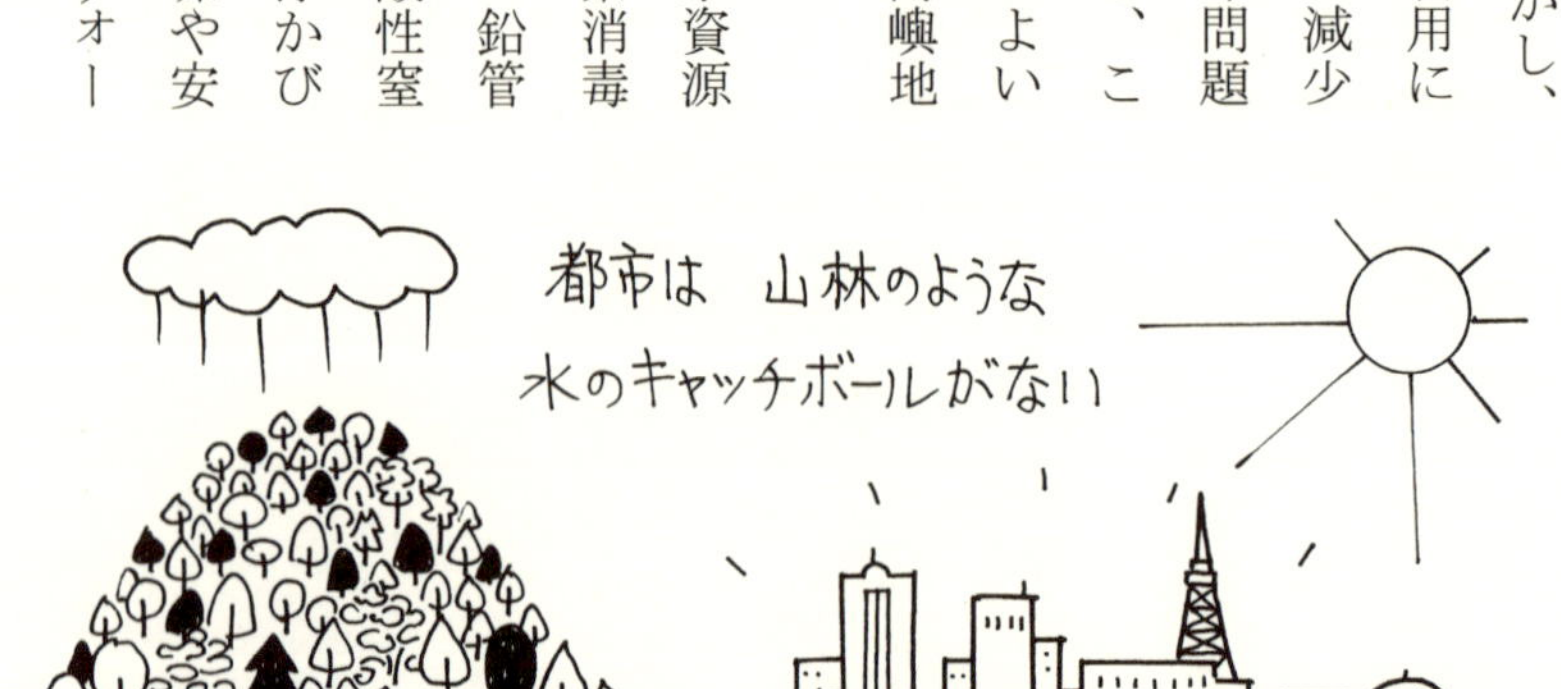
都市は　山林のような
水のキャッチボールがない

浄水器やPETボトル入りミネラルウォーターを製造するためにはエネルギー・資源が必要であり、それは結果として二酸化炭素を増やし地球温暖化問題を加速させることになっている。都市部の下水処理水、地方や農山村部の単独処理浄化槽の処理水の問題も重要である。下水道が一〇〇パーセント近く普及した東京や大阪という大都市で、見た目にもきれいと思える川がないのはなぜなのか。それは、下水処理水の水質がまだきれいと思わせる水質に達していないからである。山村に行っても小さな小川が汚れているのはなぜか。それは、農山村でも単独処理浄化槽*が普及してしまったからである。都市でも、農山村でも子供が遊べるような水辺を復活させなければならない。下水道の構造的な赤字財政問題は、本書の加藤英一の論文に譲る。

*PETボトル
Poly Ethilene Terephthalate で作られた容器。プラスチックの一種。

*単独処理浄化槽の普及問題
単独処理浄化槽は家庭単位で屎尿のみを処理する浄化装置である。一基が三〇万円程度と低価であるため全国的に下水道が未整備な農村・山村で普及している。しかし、屎尿の処理能力はあまりないためBODが三〇ppmを超える場合も少なくない。さらに、台所排水など生活雑排水は垂れ流しになるため、農山村でも家庭から流れ出た生活排水により小川が汚れている場合が多い。

古代都市文明の崩壊

世界の四大文明は、黄河、ナイル川、チグリス・ユーフラテス川、インダス川の流域に発祥したとされている。その文明が崩壊したのは、地球の気候変動や他民族の侵入などが理由として挙げられている。ところが最近になって、都市化による人口集中を賄うため周辺地域で燃料や資材となる森林を伐採したり、過剰な農業や牧畜を行ったため地域の持つ水循環、栄養循環システムが破壊されたことが文明崩壊の根本原因であると考えられるようになってきた。

「文明が滅んだ後は砂漠となる」。四大文明発祥地は豊かな農地や森林に支えられて発展してきたはずであるが、その現在の姿は、多くの場合砂漠の中に遺跡だけが取り残されている。そして、今でも砂漠の下を川の水は流れ続けている。水だけがあっても、砂漠化は防止できない証拠がそこにある。水があり、豊かな森林や植物や鳥や魚たちがいて、人間生活もそれらの生態系の一員として共に生き、水循環や栄養循環が定常的に持続されてこそ文明は維持できる。その四大河川流域でいまも水紛争が起こっていることを考えるとき「人間の知恵とか文明とは何なのか」という思いが沸き上がってくる。

現代の都市文明が崩壊するとすれば、どのような道筋を辿るのか。その参考になるケースは、ローマ文明の崩壊である。紀元前五〇〇年頃、ローマは木材を輸出し、ギリシャなどからさまざまな製品を輸入していたと考えられている。しかし、ローマ周辺の森林はまず居住地域の拡大のため減少していった。紀元前三世紀になると牧畜と集約的農業が導入され、農地の拡大と共に森林は後退していった。そのことによって、ローマでは木材や燃料代の高騰という形で都市生活に影響が出始めた。四大文明では、この段階で都市文明の崩壊の原因になったのであるが、ローマの場合は周辺地域を征服することにより新たな森林を領土として取り込んでいった。

一つの都市国家から始まったローマは、イタリア全土、ギリシャ、イベリア半島、

北アフリカ、小アジアをも征服して地中海を支配する大帝国となった。ローマは道路や水道施設というインフラを整備し巨大都市となり、住宅建設、燃料、ガラス製造に大量の木材が消費されていった。ローマの財政を支えたのはスペインでの銀生産であったが、銀精錬のためには燃料の木材が必要である。スペインにおける森林減少が進み、銀生産に限界が見えてくると、ローマは都市国家として財政的な困難に見舞われ、配給のための食料や必需品の徴発など、市民生活が圧迫されたため、貴族など裕福な市民は都市から逃げ出していった。都市に残った者は、土地を持たない比較的貧しい市民であった。地権者は逃げ出し、不在地主の土地は痩せていった。

こうしてローマは、四世紀になって食糧の多くを北アフリカに依存するようになった。しかし、海が荒れて食糧輸送ができなくなると都市の食糧がなくなり、社会的な混乱が起こり巨大文明都市ローマは内部崩壊していった。*

*『環境白書（平成七年版）』（環境庁）古代文明の崩壊と水循環破壊の関係について詳しく紹介している。

現代都市文明崩壊のシナリオ

東京、大阪、上海、ニューヨークというような巨大都市は、周辺都市だけでなく世界の各地域から食料、エネルギー、水資源などの基本資源を遠隔輸送して都市活動を維持している。都市の魅力は、そこに情報、仕事、富、権力、娯楽が集中していることである。東京、大阪という日本を代表する大都市が崩壊するとすれば、どのようなプロセスになるのか、古代ローマの崩壊を参考にしてシナリオを考えてみる。

既に、起こりつつある大都市の衰退の兆候を見よう。東京、大阪とも都市中心部からは住民が逃げ出している。都市中心部は、住居費の高騰、大気汚染、騒音、ヒートアイランド現象による熱帯夜などの環境悪化によって、居住空間としては魅力がなくなっている。最近数十年間の都市開発傾向がこのまま続くとすれば、都市環境の悪化は止めることはできず、ローマでも見られた経済的に恵まれた市民が都市から避難する傾向は今後も続くものと考えられる。これは衰退の兆候を明確に表している。

東京、大阪という大都市の生活を維持するための基本資源のなかで最も脆弱なものは食糧である。大都市は、食糧のほとんどをアメリカ、中国、東南アジアなど外国の遠隔地域と、日本の各地域に依存している。いくつかのコンピュータシミュレーション結果によると、温暖化の進行によって地球レベルの気候変動が起こるとすれば、水循環の破壊によって現在世界の穀倉地と言われているアメリカや中国などで乾燥化が進行すると予測されている。一度、そのような事態になれば、各国は自国の食糧確保を第一に優先するため、外国に食糧を輸出する余裕はなくなってくる。

このような事態が発生すれば、世界の中でも食糧自給率の低い日本の大都市が最も打撃を受けることは明白である。そうなれば、人々は都市から食糧確保のできる地方へ逃げ出し、都市には仕事もなくなり、富も得られなくなる。さらに情報はインター

◀ヒートアイランド現象
晴天や無風の日に都市の高温な空気が上空を島のようにおおい、夜明け頃になっても都市の気温はあまり低下せず、熱帯夜になる。

ネットによって入手できるので、もはや都市の魅力ではなくなってきている。都市には空き家が増え、ビルは無防備になり、都市全体がスラム化し、廃棄物化していく。これが現代都市文明崩壊のシナリオである。

「世界水ヴィジョン」への提言

水循環の原理から考えた場合、世界水フォーラムで検討される七つの課題群はどうあるべきなのか。とくに日本におけるＮＧＯの立場から、「世界水ヴィジョン」へ提言する。

❶基本的ニーズの充足

水不足、水汚染は直接的に生命の危機につながる。そのような生存の危機に瀕しているのは、アジア、アフリカを中心とした発展途上国の人々である。これらの国々は、もともと年間雨量が三〇〇ミリメートル以下の乾燥地帯に位置しているが、それでも長年そこで地下水を汲み、農業や牧畜を営み日々生活をしてきた歴史がある。危機の原因には異常気象や地震のように自然の力が大きい場合もあるが、背景をよく検討してみると人為的な原因が考えられる場合が多い。危機の発端は、アフガニスタンのように内乱や紛争が井戸水や農地を破壊し、水循環が自立的に回復しない事態を招くこともある。人口増大が水不足の原因になる場合も多い。長年の干ばつが、水不足や飲

み水の汚染や食糧難につながることもあるが、干ばつの背景には人為的な森林破壊や水辺破壊がある。

それぞれの現地で簡易に実行でき、かつ環境に影響を与えないような飲み水の消毒方法を考え出すことが重要である。安全な飲み水の提供や下水処理を公的に行うのか、経済原則により私企業や個人責任に任せるのかの判断も大切である。発展途上国では、九〇パーセントの都市が下水道未整備であるが、日本の下水道整備の実態を教訓にするならば、下水道方式は人口集中地域に限定し、人口密度が低い多くの地域では、その地域に合った技術が採用されなければならない。

水の量・質に関して基本的ニーズが充足されない場合、緊急避難的には国連を通じて各国からの援助や支援を行わなければならない。しかし、根本的対策としてはそれぞれの地域において地元の人々が主体となって自立的に水循環を回復させることが基本となる。そのためには、地域の水循環の特徴や歴史的背景を理解しながら、危機の原因を見いだし、水循環回復のための方策を見いだす必要があり、それらのことに日本の政府レベルでもＮＧＯとしても支援していくことが求められる。

❷食糧供給の保障

食糧供給の安全性確保についても、水の場合と同様に、緊急時の援助対策と、長期的な自立対策を分けて検討する必要がある。そうしないと、食糧援助なしには経済的

に自立できない多くの国々ができてしまうことになる。食糧難は多くの場合、水不足から起こるので、結局のところ水循環の回復が基本となる。アフガニスタンのような砂漠でも井戸を掘れば水が出てくる。その水を飲み水に利用するとともに農業生産にも利用する循環を創り出す必要がある。

地球温暖化はいまや、世界的にも最大の環境問題と認識されているが、温暖化の進行は水循環の破壊を招き、食糧難につながっていくという連鎖の中で、問題を把握しておく必要がある。日本は食糧自給率が三〇パーセント台と低い。食糧一トンの生産のためには、水一〇〇〇トンが必要であるとすれば、食糧輸入大国の日本は生産地の水循環機能について十分配慮しなければならないし、安全性確保のためにはもう少し自給率を高める方策も実施していかなくてはならない。

❸生態系の保護

水循環を中心的に維持している生態系は、地球全体では海であるが、陸上においては森林と湖沼である。気候変動枠組み条約の京都議定書において、地球温暖化を防止する機能として森林の二酸化炭素吸収能力が評価されることになったが、森林の持つ水循環機能、生物多様性の保全機能もより正当に評価されなければならない。そのためにも「水基本条約」が必要である。

国際的には、「持続可能な森林経営」の認証制度なども進みつつあるが、日本におけ

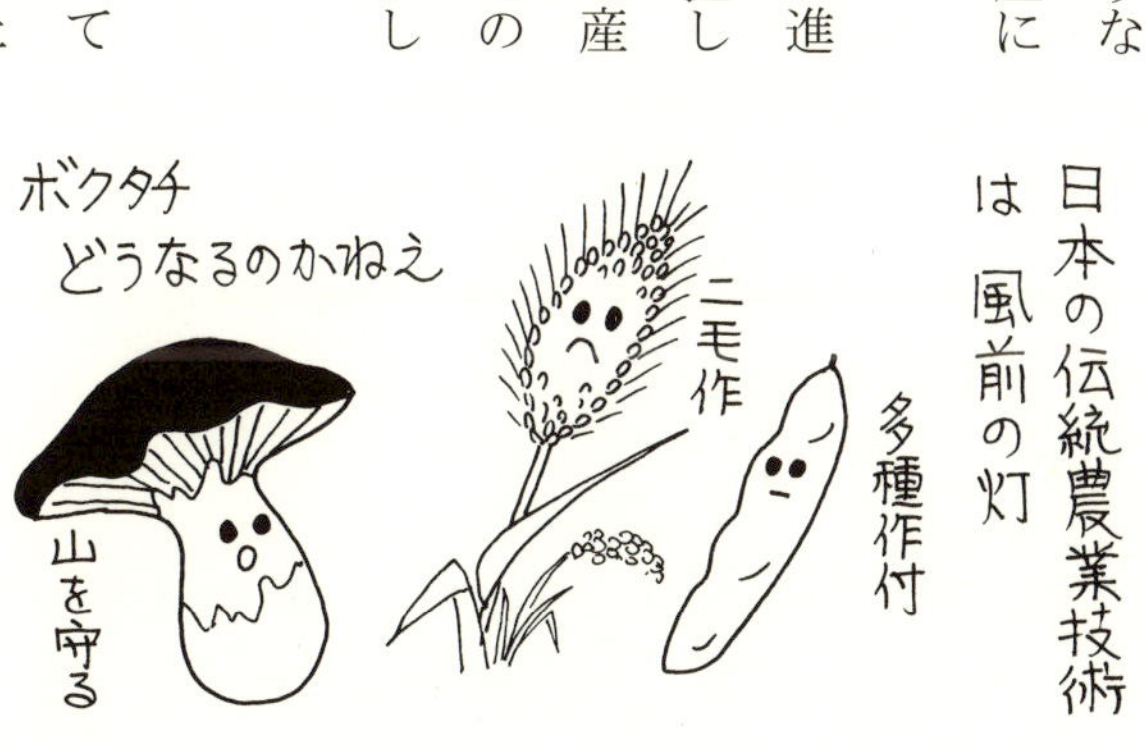
日本の伝統農業技術は風前の灯
ボクタチどうなるのかねえ
二毛作
多種作付
山を守る

る取り組みはかなり遅れている。国土の三分の二が森林である日本において、木材の自給率は一八パーセントしかない。食糧と同じく木材も輸入大国になっているが、途上国などの森林伐採に関して、生物の多様性や水循環保護などの生態系保護を優先させていかなければならない。

国内の森林は道路やリゾート開発などで破壊が進むだけでなく、材木の価格が低いため山林が放置され間伐が実施されないため下草が生えず、土砂崩れを起こすところもある。水辺の埋め立て計画も多く、水循環を維持してきた生態系破壊が進んでいる。水循環機能の重要性を評価して、森林や水辺の保護、ダムや高速道路や埋め立てなど公共事業による生態系破壊を止めなければならない。国内的にも「水基本法」が必要である。

❹水資源の共同利用

国境を越えて流れる国際的な河川やいくつもの国境が接する大きな湖では水紛争が起こり、ときには戦争の原因にもなっている。水資源の近くに位置する国は、出来る限り多く水を取水しようとするし、下流へ未処理のまま汚染排水を流してしまう場合もある。一方、下流の国は自国の取水権を主張するとともに、適切な排水処理を要求することになる。そのことを考えると、水紛争は利害関係がぶつかり合う二国間当事者だけではなかなか解決が困難な問題である。水を取り合う関係ではなく、共同で水を利用・管理していく信頼関係が必要となる。当事者だけでなく第三者機関が入り、両者を調整しながら水資源の適正利用、ときには水循環機能の回復や維持を考えていかなければならない。そのためには、国境を越えるような河川は流域単位で共同管理するための国際的な「流域管理条約」が必要となる。

❺リスク管理

水に関する最大のリスクとは、ある地域に水不足、水汚染、洪水などが起こり、集中的に多くの人が死ぬような事態が発生することである。このようなリスクは①で取り上げられている「基本的ニーズが充足されない地域」で発生する可能性が大きい。

グローバル化時代においては、ある国のリスクが別の国のリスクに波及する可能性が大きくなっている。そのため緊急リスクの管理は、当事者である国や地域が自主的に行う必要があるが、リスク回避のための中、長期対策については国際的支援によって行うべきである。国際的な水リスク管理のためには、リスク回避の技術（緊急水補給体制、消毒技術、洪水避難対策など）、保険制度、資金援助計画、ＮＧＯなどの人材派遣体制が不可欠となる。

❻水の価値評価

生命は水無しでは生きていけないので、水不足にみまわれたとき、人間は水の価値を思い知らされる。しかし多くの場合、水は自然界に大量に存在する、ありふれた物

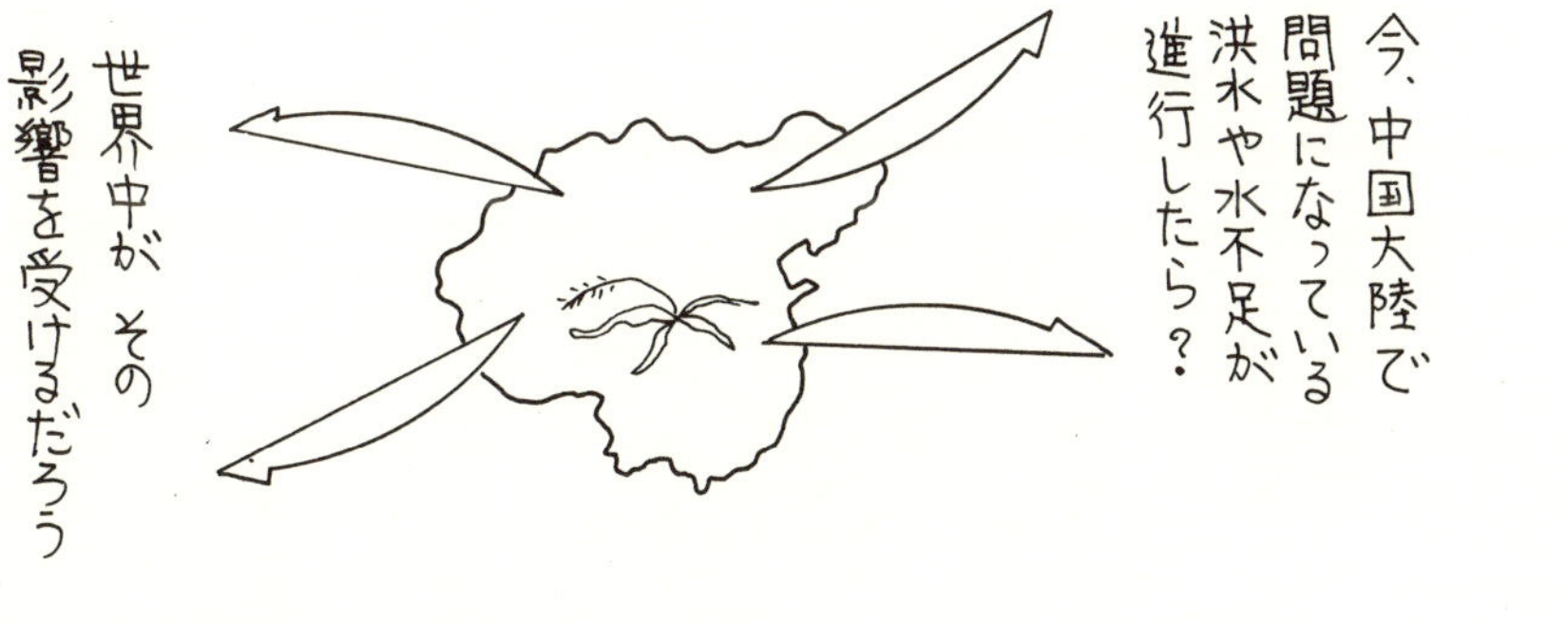
今、中国大陸で問題になっている洪水や水不足が進行したら？
世界中がその影響を受けるだろう

質であると誤解されている。「水の七不思議」の項で紹介したように、水は特殊な性質を有しており、そのことが生命を支えている。このような水の持つ特殊な性質が、水の持つ価値として理解されなければならない。

森林や湖沼が有する水量保全機能、生物多様性保護機能、土砂流出防止機能、気候調整機能は、水循環の有している派生的な効果である。一九九二年のリオ・サミットにおいて「気候変動枠組み条約」や「生物多様性保全条約」ではその基礎がつくられたが、水に関する条約については、制定の困難性や、必要性に関する認識不足からほとんど議論されなかった。しかし、これまで述べてきたさまざまな理由により国際的な「水循環保護条約」制定は、利害調整の困難性にもかかわらず最重要課題である。

水の持つ「私的価値」と「公的価値」についても、認識する必要がある。例えば、ある人が、一〇〇ヘクタールの森林を私的に所有しているとする。そこに降った雨は、森林所有者の私的財産にあたるかどうか。ミネラルウォーターを生産している企業が水源として森林を買い取り、その森林から流れ出す表流水や地下水を取水してしまい、河川水量が減少して下流住民の水源に影響を与えた場合、水の価値をどう評価するのか。

森林の持つ水に関する公的価値を適正に評価し、民有林所有者に何らかの経済的還元措置を行なわせる必要があると考える。そうしないと、森林の持つ公的価値を企業が独占的利用することを防止できなくなる。

❼賢明な水資源統治

何をもって「賢明な」とするかは価値判断が分かれるところである。国境を越える河川の流域管理が適切に行なわれることは「賢明な」という言葉に値する。「水の循環」という概念を十分に理解し、水資源の維持管理を行なえることもやはり賢明な水統治である。

問題は「そうするためにはどうするのか」ということであろう。技術、組織、資金という面から提言すると、水資源統治のためには、地域特性に合った技術が適用されなくてはならない。例えば、ＯＤＡによって日本からダム建設技術が資金と共に提供されるとしても、それが「賢明」でない結果を招くことも大いにありえる。「賢明」であるかどうかは、事前のアセスメント実施はもとより、事後の環境監査の実施によって検証されるものと考える。

地域の地形や自然条件に合った水資源統治のためには、技術と資金だけでなく、適切な人材を派遣することが不可欠となる。ＮＧＯの役割は、このように地域に合ったきめ細かい水資源統治にこそ必要である。

おわりに

藤原書店から『下水道革命』が出版されてから一二年になる。石井式高性能合併処理浄化槽を紹介したこの本は、下水道方式が当たり前であった世の中に衝撃を与えた。人口密度の少ない地方都市においては、建設費が四分の一ですむ、処理水質も抜群に良好である、水を汚した家庭や地域において自らが浄化し処理水を再利用できる、という利点があった。高性能合併処理浄化槽は水の循環利用という面において革命的な意味を持っていた。

この一二年間で、滋賀県は合併処理浄化槽普及のための条例を策定した。秋田県の二ツ井町では、下水道方式に代えて合併処理浄化槽を取り入れ家庭排水の水質浄化を推進している。無駄な公共事業として、建設が遅れている地域の下水道計画が見直される動きも出てきた。しかしながら、まだまだ地方の水処理行政においては「下水道神話」が色濃く残っている。下水道建設費の七〇パーセント近くは下水管埋設費用として使用され、計画が決定されると地元の土木業者は数年先までの公共工事の受注を確保できることになるからだ。

本書は、この『下水道革命』で問題にされていた下水道問題を、「水」問題一般に普遍化し、かつ具体化しようとしている。また、「水の循環」を現場の事例にそくして理解するため、具体的な事例を入れて紹介することに努めた。

第1章は、われわれ四人の問題提起と討論で構成されている。山田は、水問題は水量・水質・コストが関連しあいながら進行しており、それらを総合的に理解するために「水の循環」という考え方の必要性を提起している。本間は、ダムや琵琶湖総合開発という水資源開発は「しくまれた水需要」であることを提起している。加藤は、下水道に長年関わってきた経験から、下水道の有する汚水処理能力や財政問題について提起している。鷲尾は、食の問題から汚水処理や水質に応じた多重利用を提起している。

第2章は、循環による浄化能力や水のもっているすぐれた七つの特徴を解説するとともに、地球、都市、森林、人間という領域のそれぞれに共通する「水の循環」という考え方を解説している。(山田)

第3章は、水利用の実態を水資源開発、水需要、水道料金などの視点からとりあげ、ダムや農業用水や地下水の問題点についても言及している。(本間)

第4章は、河川水量と財政の面から、水の循環と財政を破壊する下水道の問題点を整理した上で、発生源対策や節水社会を通じて、社会のあり方についても提言している。(加藤)

第5章は、漁場に流れ込む河川の上流に下水処理場が建設される事例をもとに、漁場と下水処理水がどのように折り合っていくのか、さらに中国の「生態農業」を例にして、水の循環だけでなく栄養循環も同時に考えていくことの重要性を説明している。(鷲尾)

第6章は、世界、中国、日本における水問題の特徴を概観するとともに、水の循環が破壊されることによって都市文明が崩壊するシナリオについて解説している。二〇〇三年三月に、日本で「世界水フォーラム」が開催され、二一世紀に向けての「世界水ビジョン」が検討されることになるが、本書の結論として、水の循環から考えたとき「世界水ビジョンはいかにあるべきか」ということについて提言をおこなっている。(山田)

この本の執筆者はそれぞれの現場において水問題に取り組んできた。「淀川水問題を考える連絡会」は、一九八〇年にトリハロメタン追放を当面の目的として結成されたが、高度処理水の導入などの行政策もあり水道水安全性問題が一段落（決して解決したわけではないが）した一九八五年に解消され、「関西水系連絡会」へと発展した。水道水源の汚染を浄化するためには、下水処理や屎尿処理の問題にも踏み込んでいく必要があったし、淀川水系だけでなく大和川や大阪湾など他の水系や水域の問題にも対応する必要が生じてきたからである。本間、加藤、そして山田はこの「関西水系連絡会」発足当時からの主要メンバーである。

本間は、一九八〇年頃から、水道水や原水の調査、水道水の安全性に関する情報公開などにとりくみ、現在は環境家計簿などの手法を使い節水やダム批判などを展開している。本書のわかりやすいイラストは本間の労作である。

加藤は、大阪市職員労働組合の支部役員などの経験に基づき「下水道の壮大な無駄」を科学的データを根拠に訴え続けてきた。いろんな人が職場・現場から発言することを期待している。

鷲尾は、京都大学農学部博士課程から明石にある林崎漁協に務めた異色の人材である。在学中から漁業問題に取り組み調査を続けてきた。漁協では下水道の環境影響について、漁協として独自調査を指導するだけでなく、魚の付加価値を付けるための方法として料理法なども研究している。魚の料理や食を通じた民俗学にも詳しく、ＮＨＫの「男の食彩」などにも登場している。

そして山田は、一九七〇年頃から瀬戸内海汚染総合調査団に参加し、八〇年頃からは「淀川水問題を考える連絡会」結成に参加、八〇年代後半からはゴルフ場問題にとりくみ、現在は循環論を基礎とした研究調査と環境マネジメント手法の応用に取り組んでいる。

この本の出版計画は二〇〇〇年夏から始まった。藤原書店社長の藤原良雄さんからは問題提起を受け、全体構想の検討などについて粘りづよい励ましや提案を受けた。また、編集部の山﨑優子さんには原稿の校正だけでなく、読者に分かりにくい文章の修正や、資料や解説の必要性についてまで指摘していただいた。これらの暖かい支援に心から感謝します。

二〇〇二年五月

編者　山田國廣

編者紹介

山田國廣（やまだ・くにひろ）
1943年大阪府出身。大阪大学工学部助手を経て、現在、京都精華大学人文学部教授。工学博士。専攻は環境論。著書に『シリーズ・21世紀の環境読本』（1995〜）『1億人の環境家計簿』（1996）共著に『下水道革命』（改訂二版、1995）『ゴルフ場亡国論』（1990、以上藤原書店）他多数。

著者紹介

本間　都（ほんま・みやこ）
1935年香川県出身。現在、関西水系連絡会事務局長、京都精華大学講師。著書に『だれにもわかるやさしい飲み水の話』（1987）『だれにもわかるやさしい下水道の話』（1988）『グリーンコンシューマー入門』（以上北斗出版、1997）『だれでもできる 環境家計簿』（藤原書店、2001年）他、共著に『合併浄化槽入門』（北斗出版、1995）他多数。

加藤英一（かとう・えいいち）
1947年兵庫県出身。大阪市役所に就職。現在、大阪市職員労働組合都市環境局支部副支部長。著書に『だれも知らない下水道』（北斗出版、1993、増補版1999）がある。

鷲尾圭司（わしお・けいじ）
1952年京都府出身。明石市林崎漁協を経て、現在、京都精華大学人文学部教授。専攻は海の環境と漁業、風土と民俗。著書に『明石海峡魚景色』（長征社、1989）『ギョギョ図鑑』（朝日新聞社、1993）他多数。

水の循環——地球・都市・生命《いのち》をつなぐ“くらし革命”

2002年6月30日　初版第1刷発行©

編　者　山　田　國　廣

発行者　藤　原　良　雄

発行所　株式会社　藤　原　書　店

〒162-0041　東京都新宿区早稲田鶴巻町523

TEL　03（5272）0301
FAX　03（5272）0450
振替　00160-4-17013

印刷・製本　美研プリンティング

落丁本・乱丁本はお取り替えします
定価はカバーに表示してあります

Printed in Japan
ISBN4-89434-290-1

「環境学」生誕宣言の書

環境学　第三版

〈遺伝子破壊から地球規模の環境破壊まで〉

市川定夫

多岐にわたる環境問題を統一的な視点で把握・体系化する初の試み＝「環境学」生誕宣言の書。一般市民も加害者となる現代の問題の本質を浮彫る。図表・注・索引等、有機的立体構成で「読む事典」の機能も持つ。環境ホルモンなどの最新情報を加えた増補決定版。

Ａ５並製　五二八頁　**四八〇〇円**

（一九九九年四月刊）

◇4-89434-130-1

名著『環境学』の入門篇

環境学のすすめ　上・下

〈21世紀を生きぬくために〉

市川定夫

遺伝学の権威が、われわれをとりまく生命環境の総合的把握を通して、快適な生活を追求する現代人（被害者にして加害者）に警鐘を鳴らし、価値転換を迫る座右の書。図版・表・脚注を多数使用し、ビジュアルに構成。

Ａ５並製　各二〇〇頁平均　**各一八〇〇円**

（一九九四年一二月刊）

上◇4-89434-004-6

下◇4-89434-005-4

「循環型社会」は本当に可能か

「循環型社会」を問う

〈生命・技術・経済〉

エントロピー学会編

責任編集＝井野博満・藤田祐幸

「生命系を重視する熱学的思考」を軸に、環境問題を根本から問い直す。

（執筆者） 柴谷篤弘／室田武／勝木渥／白鳥紀一／井野博満／藤田祐幸／松崎早苗／関根友彦／河宮信郎／丸山真人／中村尚司／多辺田政弘

菊変型並製　二八〇頁　**二二〇〇円**

（二〇〇一年四月刊）

◇4-89434-229-4

“放射線障害”の諸相に迫る

誕生前の死

〈小児ガンを追う女たちの目〉

綿貫礼子＋「チェルノブイリ被害調査・救援」女性ネットワーク編

我々をとりまく生命環境に今なにが起っているか？　次世代の生を脅かす“放射線障害”に女性の目で肉迫。その到達点の一つ、女性ネットワークの主催するシンポジウムを中心に、内外第一級の自然科学者が豊富な図表を駆使して説く生命環境論の最先端。

Ａ５並製　三〇四頁　**二三三〇円**

（一九九二年七月刊）

◇4-938661-53-5

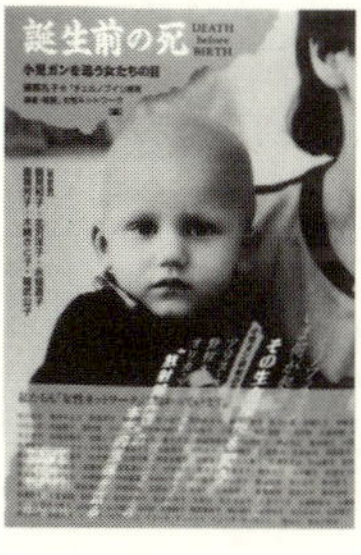

「南北問題」の構図の大転換

新・南北問題

〔地球温暖化からみた二十一世紀の構図〕

さがら邦夫

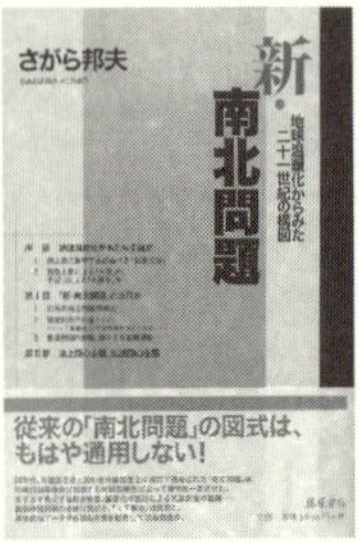

六〇年代、先進国と途上国の経済格差を俎上に載せた「南北問題」は、急加速する地球温暖化でその様相を一変させた。経済格差の激化、温暖化による気象災害の続発――重債務貧困国の悲惨な現状と、「IT革命」の虚妄に、具体的数値や各国の発言を総合して迫る。

A5並製　二四〇頁　二八〇〇円
（二〇〇〇年七月刊）
◇4-89434-183-2

最新データに基づく実態

地球温暖化とCO_2の恐怖

さがら邦夫

地球温暖化は本当に防げるのか。温室効果と同時にそれ自体が殺傷力をもつCO_2の急増は「窒息死が先か、熱死が先か」という段階にきている。科学ジャーナリストにして初めて成し得た徹底取材で迫る戦慄の実態。

A5並製　二八八頁　二八〇〇円
（一九九七年一一月刊）
◇4-89434-084-4

「京都会議」を徹底検証

地球温暖化は阻止できるか

〔京都会議検証〕

さがら邦夫編／序・西澤潤一

世界的科学者集団IPCCから「地球温暖化は阻止できない」との予測が示されるなかで、我々にできることは何か？　官界、学界そして市民の専門家・実践家が、最新の情報を駆使して地球温暖化問題の実態に迫る。

A5並製　二六四頁　二八〇〇円
（一九九八年一二月刊）
◇4-89434-113-1

有明海問題の真相

よみがえれ！〝宝の海〟有明海

〔問題の解決策の核心と提言〕

広松伝

瀕死の状態にあった水郷・柳川の水をよみがえらせ（映画『柳川堀割物語』）、四十年以上有明海と生活を共にしてきた広松伝が、「いま瀕死の状態にある有明海再生のために本当に必要なことは何か」について緊急提言。

A5並製　一六〇頁　一五〇〇円
（二〇〇一年七月刊）
◇4-89434-245-6